乡村振兴系列图书

农药科学安全使用技术

郜连春　主编

化学工业出版社
·北京·

内容简介

本书以服务“三农”、乡村振兴为原则，贯彻综合防治理念，使读者学会用生态平衡及综合防治的观念去防治病虫害。

全书分四大部分。第一部分正确认识农药；第二部分介绍农药主要品种、特性及使用；第三部分介绍农药的科学合理使用；第四部分介绍农药的安全使用。后附最新版国家禁限用农药名录等可供参考查阅。

本书可作为农业种植专业户、家庭农场经营者、农民合作社负责人、农村经纪人、农业企业经营管理人员、农业社会化服务人员、农村基层干部等学习之用，亦可供农业院校有关专业师生阅读参考。

图书在版编目（CIP）数据

农药科学安全使用技术 / 郜连春主编. — 北京 ：化学工业出版社，2026. 1

（乡村振兴系列图书）

ISBN 978-7-122-43202-5

Ⅰ. ①农… Ⅱ. ①郜… Ⅲ. ①农药施用-安全技术 Ⅳ. ①S48

中国国家版本馆 CIP 数据核字（2023）第 054638 号

责任编辑：张雨璐　迟　蕾　李植峰　　　文字编辑：师明远　姚子丽

责任校对：边　涛　　　装帧设计：韩　飞

出版发行：化学工业出版社（北京市东城区青年湖南街 13 号　邮政编码 100011）

印　　装：大厂回族自治县聚鑫印刷有限责任公司

710mm×1000mm　1/16　印张 10¾　字数 185 千字　2026 年 1 月北京第 1 版第 1 次印刷

购书咨询：010-64518888　　　售后服务：010-64518899

网　　址：http://www.cip.com.cn

凡购买本书，如有缺损质量问题，本社销售中心负责调换。

定　　价：36.00 元

《农药科学安全使用技术》

编审人员

主　　编　邰连春　黑龙江农业经济职业学院

副主编　尹　东　黑龙江农业经济职业学院
　　　　曹　阳　牡丹江师范学院
　　　　曹梦梅　黑龙江省牡丹江市爱民绿化养护管理所

参编人员　高东尧　黑龙江农业经济职业学院
　　　　王崇辉　黑龙江农业经济职业学院
　　　　朱海英　黑龙江省牡丹江市东宁市农业技术推广中心

主　　审　张继忠　黑龙江农业经济职业学院

前言

2018 年国家出台了《中共中央国务院关于实施乡村振兴战略的意见》《乡村振兴战略规划（2018—2022 年）》，为乡村社会经济在新时期的发展指明了方向。随着城镇化、工业化速度的不断加快，我国进入农业现代化全面推进的关键时期，大力培育新型职业农民成为促进农业现代化和落实乡村振兴战略的重要举措之一。新型职业农民培训对于培育一支有文化、懂技术、会经营、善管理的新型职业农民队伍，推进新农村建设，具有不可替代的作用。

本书内容丰富、通俗易懂，能有效解决生产的实际问题，激发职业农民的学习兴趣，为职业农民搭建终身学习的平台。本书适合农业种植专业户、家庭农场经营者、农民合作社负责人、农村经纪人、农业企业经营管理人员、农业社会化服务人员、农村基层干部等学习之用，亦可供农业院校有关专业师生阅读参考。

本书为乡村振兴农民教育培训系列教材之一，共有四大部分内容，包括正确认识农药，农药的主要品种、特性及使用，农药的科学合理使用，农药的安全使用。编写分工为：第一部分由郜连春、曹梦梅编写，第二部分由尹东、高东尧编写，第三部分由曹阳编写，第四部分由王崇辉、朱海英编写，全书由郜连春、曹阳统稿和定稿。张继忠教授审阅了全稿，提出了许多修改建议，在此表示感谢。

本书在编写过程中参考了许多的有关文献资料，在此表示诚挚的谢意。

由于编写水平有限，书中难免存在不妥之处，殷切希望使用本书的读者和同行提出宝贵意见，以便今后改正。

编者

目 录

第一部分

正确认识农药

一、农药的含义与分类

（一）农药的含义

农药作为一种重要的农业生产资料，在农业生产中起着不可缺少的作用。目前我国所称的农药主要是指用于预防、消灭或者控制危害农业、林业生产的病、虫、草和其他有害生物以及有目的地调节植物、昆虫生长的化学合成或者来源于生物、其他天然物质的一种物质或者几种物质的混合物及其制剂，通常把改善药剂理化性状的各种助剂也包括在内。

（二）农药的适用范围

农药广泛用于农业、林业生产的全过程，也用于环境和家庭除害防疫，根据需要，具体可用于下列目的和场所：

① 用于农业、林业中种植业（包括牧草、药用植物、花卉、园林等）防治病、虫（包括线虫、螨、蜱）、草、鼠和软体动物等有害生物；

② 用于调节植物、昆虫的生长发育；

③ 用于预防、消灭或者控制仓储病、虫、鼠等；

④ 用于预防、消灭或者控制人或畜禽生活环境中的蚊、蝇、蜚蠊（蟑螂）、臭虫、鼠和其他有害生物；

⑤ 用于防治河流堤坝、铁路、公路、机场、建筑物、高尔夫球场和其他场所的有害生物，主要是指杂草、白蚁以及衣物、文物、图书等的蛀虫。

（三）农药的分类

1. 按原料来源分类

农药按原料的来源可分为矿物源农药、有机合成农药和生物源农药。

（1）矿物源农药

由天然矿物原料加工配制而成的农药，其有效成分为无机物，也称为无机农药。此类农药多为农药发展初期的品种，目前使用较多的有硫悬浮剂、石硫合剂、氢氧化铜、波尔多液等。

（2）有机合成农药

主要指通过有机合成的方法生产出的农药。其分子结构复杂、品种较多，是目前使用量最大的一类农药，常用的有300多种，如杀虫剂中的有机磷类、拟除虫菊酯类、氨基甲酸酯类等，大多数杀菌剂、除草剂、植物生长调节剂均属于此类农药。

（3）生物源农药

利用生物资源生产出的农药多为生物源农药。其包括动物源农药（蜕皮激素、保幼激素、性引诱剂等）、植物源农药（藜芦碱、苦参碱、川楝素、烟碱等）和微生物源农药（抗生素、苏云金杆菌等）。

2. 按用途分类

农药按用途可分为杀虫剂、杀螨剂、杀软体动物剂、杀菌剂、杀线虫剂、除草剂、杀鼠剂、植物生长调节剂八大类，每个大类又可按其他方式再细分。

（1）杀虫剂

杀虫剂是用于防治害虫的农药，主要指能防治昆虫类的害虫，有的杀虫剂同时具有杀螨类或杀线虫的效果，如阿维菌素（既杀虫又杀螨）、克百威（既杀虫又杀线虫）。

按作用方式，杀虫剂可再分为以下几类。

① 胃毒剂。药剂通过害虫的口器和消化系统进入体内，使害虫中毒死亡。此类药剂一般是喷洒到植物体上，咀嚼式口器的害虫取食后经消化系统吸收而死亡，如毒死蜱，有时做成毒饵，再如辛硫磷拌炒过的麦麸或面粉。

② 触杀剂。药剂喷洒到害虫体表，渗透至体内，或堵塞害虫的气门使其窒息而死，或干扰害虫的生理代谢、破坏虫体某些组织使害虫死亡，如高效氯氟氰菊酯、溴氰菊酯等。有时药剂滞留在物体表面，害虫爬过时可通过表皮、足、触角进入虫体发挥杀伤作用。

应用此类杀虫剂时应尽可能喷洒均匀，喷至虫体上，药效才能得以较好地发挥。

③ 熏蒸剂。药剂本身挥发成有毒气体，或与其他物质反应后释放出毒气，经害虫呼吸系统进入其体内，造成害虫死亡，例如敌敌畏。

④ 内吸剂。药剂喷洒到植物体上，被吸收到植物体内，随体内汁液传导至多

处部位，当刺吸式口器的害虫吸食植物汁液时中毒而死，如吡虫啉、啶虫脒等。

杀虫剂的作用方式不一定局限于一种，如有机磷杀虫剂，往往同时具有胃毒、触杀和内吸作用，而敌敌畏，还具有熏蒸作用。内吸性杀虫剂的内吸性是针对植物而言的，对害虫来说实际上是胃毒作用。

以下所介绍的四类杀虫剂不是直接杀死害虫，而是通过破坏害虫正常的生理活动和行为以达到杀死或防控害虫的目的，属于特异性杀虫剂。

⑤ 引诱剂。能引诱害虫的药剂，常用的有取食引诱剂，吸引害虫前来取食；性引诱剂，吸引异性害虫（雌性或雄性）前来，如地中海实蝇引诱剂。引诱剂本身也许无毒或毒性很低，可以与其他杀虫剂混用对昆虫起到诱杀作用。

⑥ 拒食剂。害虫接触此类药剂后即拒绝取食，或者取食量降低，最后由于饥饿而死亡，如印楝素。

⑦ 趋避剂。这类药剂本身不具有杀虫作用，但能使害虫忌避，从而不造成危害，如避蚊胺、樟脑丸等。

⑧ 昆虫生长调节剂。扰乱害虫体内激素的代谢活动，进而影响其正常的生长发育，导致害虫死亡或失去繁殖能力，如保幼激素灭幼脲，阻止幼虫蜕皮；蜕皮激素虫酰肼则导致害虫过早蜕皮，从而导致脱水饥饿而死。

（2）杀螨剂

此类药剂只具有杀螨作用而不能杀虫，如噻螨酮、哒螨灵。有的杀虫剂兼有杀螨活性，但主要活性是杀虫，故归为杀虫剂。

（3）杀软体动物剂

防治软体动物类有害生物的药剂，常用药剂如四聚乙醛。此类农药应用较少，本书不作详细介绍。

（4）杀菌剂

抑制或杀灭真菌、细菌、病毒类等病原微生物的化学药剂。

杀菌剂按作用方式的分类：

① 保护剂。能够杀死植物体表面的病原微生物，通常在植物感病前使用。此类药剂不具有内吸性。常用的如波尔多液、代森锰锌、百菌清等。

② 治疗剂。具有内吸性，能杀死侵入植物组织内的病原微生物，如戊唑醇、苯醚甲环唑、咪鲜胺、烯酰吗啉等。

杀菌剂按化学结构和成分的分类：

① 无机杀菌剂。杀菌成分为无机物，如氢氧化铜、石硫合剂。

② 有机杀菌剂。杀菌成分为有机物的人工合成杀菌剂。此类杀菌剂占目前所用杀菌剂的大部分，如多菌灵、氟硅唑、霜霉威等。

③ 生物杀菌剂。指农用抗生素类杀菌剂和植物源杀菌剂，如井冈霉素、春雷霉素等。

（5）杀线虫剂

可杀灭植物病原线虫的药剂。应注意有些杀线虫剂属于高毒种类，且具有内吸传导性，按国家规定禁止用于蔬菜、果园等。

（6）除草剂

能够杀灭或控制杂草危害的药剂。单从名称上看，除草剂容易被误认为只对杂草起作用，实际上，杂草和作物都是植物，若使用不当，作物也会被杀死或遭受药害。

（7）杀鼠剂

用于毒杀各种有害鼠类的药剂。

（8）植物生长调节剂

人工合成的，具有调节植物生长发育的一类化合物，也称为外源激素。植物生长调节剂具有与天然激素相似的性质，用量很少，作用非常明显，本身并不是营养物质，不能代替肥料。

二、农药的主要剂型及其特点

（一）农药制剂

原药是指在工厂中合成的化学成品，就是在合成和制造过程中得到的有效成分或与副产物杂质所组成的最终产物。简单地说，未经加工的农药叫原药，固体状态的原药叫原粉，液体状态的原药叫原油。除了极少数水溶性很强或挥发性强的农药可直接用水或空气分散之外，绝大多数原药被合成后，由于不溶水或难以溶于水，及农田单位面积需用农药有效含量特别少等原因，必须与一定量、一定种类的助剂、载体相配合。

农药经过加工后，制成不同含量和不同用途的产品，这些产品统称为农药制剂。农药制剂为精细化工产品，农药有效成分可得到经济、高效、方便和安全的使用。

（二）农药助剂

在农药加工制剂或施用过程中，那些能改善药剂理论性质，使农药便于使用或贮藏，有利于增强农药防治效果的辅助物质，统称为农药辅助剂，简称为农药助剂。

（三）常见农药剂型

农药原药加入辅助剂，经过加工制成便于使用的一定药剂形态，叫做剂型。理论上，一种农药原药可以加工成很多剂型，但是，在实际应用中，剂型的选择，应取决于使用上的必要性、安全性和经济上的可行性。据国际农药制造商协会联合会（GIFAP）公布的资料，目前已有剂型60多种。农业生产实践中，人们对农药剂型的要求将会越来越高。过去占统治地位的剂型如乳油、可湿性粉剂、粉剂和颗粒剂愈来愈受到冲击，国内外农药剂型正朝着水基性、粒状、缓释、多功能及省力化的方向发展，例如水乳剂、水分散粒剂等。

(1) 粉剂（DP）

粉剂是一种低浓度粉末状制剂，由农药原药和填料加工而成，为古老剂型。目前，我国农药市场上粉剂药种较少，但它衍生出一些新剂型，如一些不同规格的粉剂。常用品种有40%五氯硝基苯粉剂、5%苦参碱粉剂等。使用粉剂时，在早、晚作物叶面较凉或有露水后，雨后叶面潮湿时喷粉，粉剂在叶面的沉积和黏着性较好，可取得较好的药效。

(2) 可湿性粉剂（WP）

可湿性粉剂是一种能被水润湿且能在水中分散悬浮的一种粉末状剂型。在农药剂型和制剂中占有很重要的地位。其产量在全部农药产品中占1/4以上。加水后形成均匀的悬浮液，可作喷雾使用。可湿性粉剂具有以下特点：

① 不溶于水或溶剂中溶解度极低的农药，加工成可湿性粉剂后能兑水使用。

② 由于药剂具有湿润性能，能均匀地展着和黏附在农作物、杂草叶面上，提高其药效。

③ 生产成本较低，贮存、运输也较安全。

④ 使用方便，但其产品中大颗粒较多时易阻塞喷雾器喷嘴。

⑤ 一般贮存期不能过长，否则易结块而影响药效。

常见品种如70%甲基托布津可湿性粉剂、30%醚菌酯可湿性粉剂等。

该剂型可供喷雾使用，也可灌浇根、泼浇用，但不能直接作喷粉用。

(3) 可溶性粉剂（SP）

可溶性粉剂是指由水溶性农药原药和少量水溶性填料混合粉碎而成的水溶性粉剂，外观类似可湿性粉剂。可溶性粉剂有效成分含量一般可达到60%～90%。它浓度高，贮存时化学稳定性好，加工和贮运成本相对较低；它为固体剂型，可用塑料薄膜或水溶性薄膜包装；与乳油相比，药效相近，可节省包装费和运输费，且相对安全。与可湿性粉剂相比，这种制剂不存在喷雾液的药剂微粒沉降不均匀的问题，药液也不会堵塞喷头。但易吸湿结块，应特别注意包装，贮藏时防潮。常见品种如90%疫霉灵可溶性粉剂等。

（4）乳油（EC）

乳油是一种常用的农药剂型，入水后可分散成乳状液的油状均相液体。乳油在我国农药市场所占的份额非常大，占60%以上。乳油具有以下主要特点：

① 药效高。药剂喷施后能均匀附着在植株表面形成一层薄膜，且不易被雨水淋洗，药效期也较长，能充分发挥药剂的作用；同时，药剂易渗入或渗透到有害物体内或作物内部，大大增加了药剂的毒杀作用。

② 施用方便。可用任意比例的水稀释，以适应不同容量喷雾和使用要求。

③ 性质稳定。不易分解，耐贮藏。

④ 加工容易。基本上不产生“三废”，有利于安全生产。

它的湿润性、黏着性、渗透性和残效期优于可湿性粉剂。但具有含有对环境污染的有机溶剂，对植物易产生药害，贮运时也不安全等缺点。不过，近年来各国对传统农药乳油进行了改进，如选用更安全的有机溶剂，以水代替有机溶剂等。常用的品种有20%三唑酮乳油、10%吡虫啉乳油等。

乳油除兑水稀释喷雾使用外，也可涂茎、灌根、拌种、浸种等。

（5）粒剂（G）

粒剂是由原药、载体和助剂加工成的粒状农药剂型。该剂型的优点为：

① 使高毒农药低毒化使用。如克百威等在禁止喷雾使用的情况下，可加工成颗粒剂后，采用穴施、撒施等方法使用，防治害虫。

② 可控制有效成分释放的速度，延长持效期。

③ 降低药害出现概率，减少环境污染，避免伤害有益昆虫。

④ 使用方便，提高劳动效率。但粒剂加工费一般比粉剂高，在多数情况下使用方法也受到一定的限制。

常见品种有5%丁硫克百威颗粒剂、5%辛硫磷颗粒剂等。

（6）水分散粒剂（WG）

水分散粒剂是一种入水后能迅速崩解，分散形成悬浮液的粒状农药剂型。该剂型的优点：崩解性、分散性、悬浮性及流动性好，有效成分含量高，有的高达90%。物理化学性能稳定，处理时无粉尘，贮运安全，包装费低，避免了可湿性粉剂在使用时粉尘对操作者和环境的污染毒害。

常见品种有40%啶虫脒水分散粒剂、40%噻虫嗪水分散粒剂、50%己唑醇水分散粒剂等。

(7) 水剂 (AS)

水剂是一种农药原药的水溶液剂型。一般情况下，用于加工水剂的农药原药应易溶于水，且水溶液化学稳定性好，为了使水剂喷洒在植物表面有一定的展着性，常加入湿润剂为助剂。使用时按需用的浓度兑水后即可施用。与乳油相比，加工时不需用有机溶剂，仅需加适量表面活性剂，药效与乳油相当。但是，有的农药品种不稳定，长期贮存易分解失效。

常见的品种有 66.5%霜霉威水剂、1%中生菌素水剂、5%井冈霉素水剂等。

(8) 水乳剂 (EW)

水乳剂是指将不溶于水的农药原药先溶解在与水不相溶的溶剂中，然后再分散到水中形成的一种热力学不稳定分散体系的剂型类型。水乳剂用大量的水取代了芳香类有机溶剂，所添加的黏度调节剂一般从食品添加剂中选取，是国际公认的对环境安全的农药新剂型。与乳油相比，减少了对环境的污染，降低了着火的可能性，减少了对人畜的毒性和刺激性以及对农作物的药害危险。但是水乳剂仍含一部分有机溶剂，即仍存在着安全隐患，且加工过程复杂。

常见的品种有 4.5%高效氯氰菊酯水乳剂、2.5%高效氯氟氰菊酯水乳剂等。

(9) 微乳剂 (ME)

微乳剂用水代替有机溶剂，减轻了对环境的压力，是一种绿色环保剂型，由于添加了大量的表面活性剂，一般田间药效比乳油高 5%～10%。但是，由于微乳剂自身结构特点，决定了微乳剂中有效成分含量一般最高仅有 25%左右。微乳剂所需用的有机化工原料较多（如乳化剂等），对于生长期短的蔬菜和水田，要谨慎使用。

常见的品种有 20%氰戊菊酯微乳剂、45%吡虫啉微乳剂、10%氯氰菊酯微乳剂等。

(10) 悬浮剂 (SC)

悬浮剂又称水悬浮剂或胶悬剂，是一种不溶于水的固体原药分散悬浮在含有多种助剂水相介质中的胶状液体制剂。该剂型的特点：水悬浮剂产品加水后悬浮率往往大于 90%。较同等剂量的可湿性粉剂防治效果好。在同等效果时用药量可节省 20%～50%。另外，使用时加水喷雾，不会发生由于产生沉淀而导致堵塞喷嘴现象。悬浮剂有一定的黏性，易附着于包装物上，导致用药时难以准确计量，不易倾倒。产品质量取决因素很多，容易造成质量上不稳定。

常见的品种有 30%苯醚甲环唑悬浮剂、38%莠去津悬浮剂等。

(11) 种衣剂 (FSC)

含有成膜剂的药剂包覆在植物种子表面上，脱水干燥后表面上形成一层药膜，紧密牢固地附着在种子上，犹如种子的外衣，即称为种衣剂。种衣剂、拌种剂、浸种剂统称为种子处理剂。种衣剂含有一定量的成膜剂，处理利用后在种子表皮形成具有一定功能和包覆强度的膜，可处理大批量种子。处理过的种子贮存一段时间，可供种子公司作为商品种出售。种衣剂不是一种农药剂型，它只是在悬浮剂、可湿性粉剂、可溶性粉剂等中添加足量的成膜剂混合制作而成的。

种衣剂处理种子，药力集中，利用率高，持续期长，药效高，又对环境污染小。另外，由于它是一种复配剂，除防虫治病外，还可促进植物生长发育。种衣剂只能作种子包衣处理使用。

种衣包膜是否符合要求，一般可通过发芽实验加以检查，经过不同的存放时间间隔，取出已包衣的种子和未包衣的裸种子，分别放在发芽盘内进行发芽，并统计两者的发芽率，若相差不大，证明包衣的物理性状是合格的，若差异很显著，包衣种子的发芽率明显低于未包衣的种子，则不可用于播种。

常见的品种有 44%噻虫·福·萎锈悬浮种衣剂、27%苯醚·咯·噻虫悬浮种衣剂等。

(12) 油剂 (OS)

用非水溶性的有机溶剂或油类作为溶剂制备的农药原药均相透明溶液，通称为油剂。它是专供超低容量喷雾的一种剂型，所以又称超低容量喷雾剂 (ULV)。

油剂的细雾滴沉落在作物叶面上，很容易展开成为极薄的油膜，因为油类溶剂的表面张力极小，而且与作物叶片表面之间完全亲和，雾滴能完全展开，所以油剂直接喷雾时制剂中无须配加湿润助剂和其他表面活性剂。

油剂类农药一旦沉积在作物表面，很容易牢固地黏附在蜡质表面，对于雨水和风都有很强的抵御能力，不会被淋失和吹落，所以作物表面对于油剂具有比较强的持着力。

常见的品种有 5%高效氯氰菊酯油剂等。

(13) 烟剂 (FU)

烟剂是一种引燃后，有效成分以烟状分散体系悬浮于空气中的粉末状农药剂型，如 3%高效氯氰菊酯烟剂等。烟剂的使用工效高，不需任何器械，不需用水，简便省力。而在施用烟剂时，受自然环境尤其是气流影响较大，所以烟剂一般适用于植物覆盖度大或空间密闭场所中的病虫害防治，如用于林区、果园、仓库、温室大棚内等环境。

烟剂需加工成一定的形状或采取一定的充填方式，较通用的有烟雾罐、烟雾烛、烟雾筒、烟雾棒、烟雾片、烟雾丸等。施用时，点燃后应只发烟而没有火焰，农药有效成分因受热而气化，在空气中冷却又凝聚成固体微粒，直径达0.1～2微米，沉积到植物上的烟粒不但对害虫有良好的触杀和胃毒作用，而且空气中极微小的烟粒还可通过害虫的呼吸道进入体内而起致毒作用。

常见的品种有10%百菌清烟剂、10%三唑酮烟剂等。

（14）其他剂型

① 缓释剂（CRF）。可以控制农药有效成分从加工品中缓慢释放的农药剂型称缓释剂。缓释剂具有延长农药的持效期、减少施药次数、降低用药量和药剂的使用毒性等优点。虽然加工成缓释剂可能会提高生产成本，但带来的经济、社会和生态效益是可观的。

缓释剂依据其加工方法，可分为物理型缓释剂和化学型缓释剂两大类。物理型缓释剂主要是利用包衣封闭与药剂渗透，贮存体吸附与药剂扩散，药剂与贮存体溶解固化和药剂解吸等基本原理而制成的缓释剂，如微胶囊剂、塑料结合剂、多层带缓释剂、纤维片缓释剂、吸附包衣型缓释剂等。化学型缓释剂是使带有羟基、羧基或氨基等活性基团的农药与一种有活性基团的载体，经过化学反应结合而成。

② 可分散片剂。可分散片剂是指遇水可迅速崩解形成均匀混悬液的片剂。它集中了在水中自动崩解形成悬浮液供喷雾使用的泡腾片剂与水分散粒剂，以及吸潮分解熏蒸毒杀害虫的片剂的优点于一身，又吸收了片剂的外形特点，较水分散粒剂对环境更安全，在保证药效不降低的前提下对环境和施药者更安全，没有粉尘，减少了对环境的污染。

③ 气雾剂（AE）。气雾剂是由原药、溶剂、香精及推进剂制成的剂型。使用时打开阀门，药液在推进剂的作用下喷出，主要用于防治蚊、蝇、蟑螂等卫生害虫。

④ 超低容量液剂（UL）。超低容量液剂为高含量的农药原药加入少量溶剂制成，有的还加入少量助溶剂、稳定剂等，有效成分浓度可高达80%。使用时不必兑水，可直接用超低容量喷雾器喷洒，每亩（1亩≈667米^2）用量100毫升左右。具有使用量少、应用迅速，使用时不需加水或加水量极少等优点。但具有毒性相对较高，飘移时易带来危害，需要特殊使用设备，可能腐蚀金属或塑料容器等缺点。

⑤ 微囊悬浮剂（CS）。微囊悬浮剂为流动性稳定的胶囊悬浮剂，一般用水

稀释成悬浮液后施用，它由农药有效成分、溶剂、乳化剂、分散剂、黏稠剂、抗泡剂、防腐剂等组成，具有使用时粉尘量极低、有机溶剂量少、低毒、持效期长等优点，但也有生产设备昂贵、容易冻结、温度高时产品黏稠、包装费用较贵等缺点。

除上述介绍的剂型外，还有乳膏剂、追踪粉剂、防蛀剂、毒饵、混合剂等。

三、农药的毒力与药效

1. 毒力

在农药的研究与使用中，毒力主要指农药对病、虫、草等有害生物毒杀效力的大小。

2. 药效

也称为防治效果，指药剂本身和多种因素（如田间自然环境、有害物的生物学特性、农药剂型特点、施药技术和方法等）综合作用的结果。是与对照相比，对某种生物本身造成的损失、影响程度或作用的大小。药效的计算对不同的作物、保护对象与防治对象有不同的计算方法。

3. 毒力与药效的关系

毒力与药效不能混为一谈，但二者又相互联系，相辅相成。室内毒力和田间药效之间会存在明显差异。

4. 毒力与药效的表示方法

（1）毒力的表示方法

半数致死量，又称致死中量（LD_{50}），指在一定条件下，可使供试生物半数死亡的药剂的剂量。表示单位为毫克（药剂）/千克（体重）或微克（药剂）/克（体重）。毫克（药剂）/千克（体重）主要用于高等动物的毒力表示，也可用于其他大体形生物的毒力表示；微克（药剂）/克（体重）表示对昆虫等生物的毒力。

致死中浓度（LC_{50}）指杀死半数生物体的药剂浓度。常用微克/克（ppm）表示，主要指昆虫及水生生物。

死亡率及校正死亡率是反映杀虫剂毒力或药效的一个基本指标，是指用药剂处理后，在一个种群中杀死个体数量占群体数量的百分数。

$$死亡率=\frac{死亡个体数(r)}{供试总虫数(n)}\times 100\%$$

$$校正死亡率=\frac{X-Y}{X}\times 100\%$$

式中，X 为对照组的存活率；Y 为处理组的存活率。

注：自然死亡率应在 20%以下才能使用此公式。

有效中量（ED_{50}）、有效中浓度（EC_{50}）指对供试生物体产生 50%效果的药剂剂量或浓度，主要针对杀菌剂和除草剂而言，也可用于某些特异性杀虫剂的毒力测定。ED_{50} 表示单位随供试生物体的具体情况而定；EC_{50} 表示单位为微克/克，也可用百分浓度来表示。

相对毒力指数：几种杀虫剂或杀菌剂若在不同时间或不同条件下分批进行实验时，每次都需要用一个标准药剂做对比，以其比值进行毒力比较，这样可以克服一定程度上产生的差异。

（2）药效的表示方法

杀虫剂药效的表示方法：

$$校正死亡率=\frac{对照组生存率(\%)-处理组生存率(\%)}{对照组生存率(\%)}\times 100\%$$

$$虫口减退率=\frac{处理前虫口密度-处理后虫口密度}{处理前虫口密度}\times 100\%$$

$$校正虫口减退率=\frac{处理区虫口减退率-对照区虫口减退率}{1-对照区虫口减退率}\times 100\%$$

杀菌剂药效的表示方法：

$$发病率=\frac{病苗(株、叶、秆)数}{检查总苗(株、叶、秆)数}\times 100\%$$

$$病情指数=\frac{\sum(病级叶数或株\times 该病级值)}{检查总叶或株数\times 最高级数值}\times 100$$

$$相对防治效果=\frac{喷药前发病率(病情指数)-喷药后发病率(病情指数)}{喷药前发病率(病情指数)}\times 100\%$$

$$校正相对防效=\frac{处理区相对防效-对照区相对防效}{1-对照区相对防效}\times 100\%$$

除草剂药效的表示方法：

$$防除效果=\frac{施药前杂草数量(鲜重或干重)-施药后杂草数量(鲜重或干重)}{施药前杂草数量(鲜重或干重)}\times 100\%$$

$$校正防除效果=\frac{对照区防除效果-施药区防除效果}{1-对照区防除效果}\times 100\%$$

（3）影响药效的主要因素

药效实际是反映毒剂、有机体、环境条件三个环节之间的相互联系和综合作用的结果，影响因子很多，但基本可从三个方面来分析。

① 农药自身的因素。农药的化学成分、理化性质、作用机制、使用剂量以及加工性状都直接或间接地影响药效。例如，氰戊菊酯对许多鳞翅目害虫有效，但对螨类无效。

② 防治对象的因素。不同病虫害的生活习惯有差别，即使是同一种病害或害虫，因为所处的发育阶段不同，对不同农药或同类农药的反应也不一样，常表现为防治效果的差别。例如，吡氟氯禾灵对大多数禾本科杂草有效，对阔叶类杂草无效。

③ 环境因素。环境条件的改变一方面影响了生物体的生理活动，另一方面影响药剂的理化性质，结果影响药效。例如，土壤处理用除草剂在不同的有机质含量下，药效不同；茎叶处理用除草剂在不同的相对湿度下药效有很大差异。除草剂乙草胺、氟乐灵、甲草胺、异丙甲草胺同样的使用剂量，干旱时除草效果差，在适宜的土壤湿度条件下，除草效果好；沙土地上使用，效果显著高于在有机质含量高的地内使用。辛硫磷见光易分解失效。

因此，在化学防治中，必须在具体的环境条件下，充分掌握药剂的性能及防治对象的基本规律，适时合理地使用农药，充分利用一切有利因素，控制不利因素，才能获得较好的防治效果。

四、农药名称

农药名称是它的生物活性即有效成分的称谓。一般来说，一种农药的名称有化学名称、通用名称、商品名称。

1. 化学名称

是按有效成分的化学结构，根据化学命名原则，定出的化合物的名称。化学名称的优点在于明确地表达了化合物的结构，根据名称可以写出该化合物的结构式。但是，化学名称专业性强，文字太长，特别是结构复杂的化合物，其文字符号烦琐，使用很不方便。故除专业文章外，一般不常采用。但国外农药标签和使用说明书上经常列有化学名称。

2. 通用名称

通用名称即农药品种简短的“学名”，是农药产品中起药效作用的有效成分的名称。通用名称是由标准化机构组织专家制定的，并以强制性的标准发布施行。包括英文通用名称和中文通用名称。英文通用名称一般是取化学名称中几个代表化合物生物活性部分的音节来组成，经国际标准化组织（ISO）制定并推荐使用，例如敌百虫的英文通用名称为 trichlorfon，三环唑为 tricyclazole。英文通用名称第一个字母为英文小写。

我国使用中文通用名称（由有效成分含量、制剂名称、剂型构成，如50%辛硫磷乳油、80%敌敌畏乳油）和国际通用名称（英文通用名称）。中文通用名称在中国范围内通用，国际通用名称在全球通用。我国国家标准《农药中文通用名称》（GB 4839—2009）由中华人民共和国国家质量监督检验检疫总局和中国国家标准化管理委员会于 2009 年 4 月 27 日发布，并于 2009 年 11 月 1 日起实施。标准中规定了 1274 个农药的通用名称，分为杀虫剂、杀螨剂、增效剂、杀鼠剂、杀菌剂、除草剂、除草剂安全剂和植物生长调节剂等八类。因此，在国内科研、教学、生产、商贸、出版物、广告等有关领域，凡涉及农药有效成分名称的，均应使用该标准规定的通用名称，任何农药标签或说明书上都必须标注农药的中文和英文通用名称，以免混乱。

3. 商品名称

它是指在市场上用以识别或称呼某一农药产品的名称，是农药生产厂为其产品在有关管理机关登记注册所用名称，用以满足商品流通时需要，为树立自己的形象和品牌，所以商品名也叫品牌名。这样，同一种商品化的农药制剂出自不同厂家，就有不同的商品名称。有时同一厂家生产的同一有效成分的农药制剂，因有效成分含量、用途、助剂成分或包装及规格不同，就可以有不同的商品名称。国产农药产品一般不允许厂家另取商品名称。同一种农药产品只有一个统一的以中文通用名称为核心的正式名称。

五、农药的施用方法

施药方法很多，目前在我国常见的有喷粉法、喷雾法、种苗处理法、撒粒法、熏蒸法、烟雾法、毒饵法、涂抹法等，且随着科学技术的进步、生产的需要和环保意识的增强，施药方法也在不断改善和增多。

使用农药来防治有害生物，目的是要用最少的农药获得最佳防治效果，且不能引起人、畜中毒和环境污染。这就表明了我们在使用农药时，不仅要考虑农药种类、剂型、药量的选择，而且还要考虑植物生态、防治对象、施药环境及选择的施药工具等。然后经过归纳综合、分析筛选，确定最佳的施药方法。

（一）喷粉法

喷粉法即是利用机械产生风力把粉剂吹散，使粉粒覆盖在靶标及作物表面，并要求药粉能在靶区产生有效沉积，以达到较好的田间防治效果。喷粉法的主要优点是工效高，作业不受水源限制，在干旱、缺水的地区更具有应用价值。细粉粒的药效好，沉积覆盖也比较均匀。缺点是粉粒飘移性强，易污染环境，所以喷粉法的使用越来越受到限制。目前主要应用在封闭的温室、大棚，郁闭度高的森林、果园、高秆作物农田，生长后期的棉田和水稻田。飞机喷粉技术主要应用在大面积水生植物（如芦苇）、辽阔的草原、滋生蝗虫的荒滩等。

喷粉法按采用的施药手段可分为手动喷粉法、机动喷粉法、粉尘法、静电喷粉法等。粉尘法是在封闭的温室、大棚等保护地种植的植物上进行手动喷粉的一种特殊形式。

保护地粉尘法施药主要优点表现为：第一，施药时不需要用水，不会造成因喷雾施药温室大棚内湿度骤增，植物病害易发生发展，阴天也可用药；第二，药剂的有效利用率大幅度提高，降低了用药量，并且可减少温室大棚植物上的农药残留量；第三，工效高，每亩温室大棚喷粉作业仅需 5～10 分钟，比喷雾法的工效提高 20 倍以上；第四，操作简单方便，由于粉尘的布朗运动和飘翔效应，喷粉时不必进行行内逐株喷撒，只需沿棚室的走道单线走动即可。

在温室、大棚中进行粉尘法施药时，只需沿直线从里面一端慢慢走向外面一端，喷粉管平直或稍上，不可把喷粉器的喷口对准植物进行喷撒，否则不但喷撒沉积不均匀，反而容易引起粉剂堆积过多，浪费用药或引发药害。晴天采用粉尘法施药，最好选择在傍晚进行，因为在阳光较强时喷粉，叶片表面“热致迁移”现象比较强，细粉沉积时间过长，不容易很快沉积在叶片上。叶面结露后，闭棚太久不宜喷粉，因为棚室内开始结露，室内空气湿度增大，叶面开始有露水，粉尘扩散分布受阻，粉尘的沉积均匀性将会降低。

（二）喷雾法

喷雾法是指利用喷雾机具，使喷射出的细小雾滴均匀地覆盖在植物及防治对象上的施药方法。它是在农药施用中最常用的一种方法，可供喷雾使用的剂型有：微乳剂、水剂、可湿性粉剂、可溶性粉剂、悬浮剂、水分散粒剂、超低容量喷雾剂等。喷雾法的优点是药液可直接接触防治对象，而且分布均匀，见效比较快，防效比较好，方法简单容易操作。缺点是药液容易飘移流失，药液易沾污施药人员而引起中毒，并受水源限制。高温盛夏喷雾，时间最好在上午 10 时以前或下午 4 时以后，阴天全天可喷药，夜间喷药效果也较好。有大雾、露时不宜喷药，待雾、露散了后喷药才有效。

影响喷雾效果的因素很多，主要归纳为以下几个方面：农药的理化性能（如液滴在固体表面的湿展性等），药械对药液的雾化情况，生物表面的结构特点（如同种药液对茸毛多、蜡质层厚的叶面不易湿展，而对茸毛少、蜡质层薄的叶面则较易湿展）。常见的作物，按湿润难易程度排列，次序如下：稻>麦>花生>甘蓝>葱>大豆>柑橘>烟草>马铃薯>桃>李>梨>柿>苹果>茶>桑等。药液在不同昆虫体壁上湿展的差异也往往很大，如某些害虫具有保护层（介壳虫）和厚蜡质层（苹果绵蚜）等，一般药液很难在其体表湿展。水质对药液也有影响，如水的硬度大小，硬水对乳液和悬浮液的稳定性破坏作用很大，有的药剂在硬水中可能转变成为非水溶性或难溶性的物质而丧失药效，如2,4-D钠盐等，有些硬水的硬度大，通常碱性亦大，一些药剂易被碱分解，严重影响药效。喷雾时遇大风，喷后遇雨，也影响喷雾效果。

在实际生产应用中，通常分为常量喷雾法、低容量喷雾法和超低容量喷雾法三种类型。

（1）常量喷雾法

常量喷雾法，又称高容量喷雾法。常量喷雾的药械有人力加压的工农-16型背负式喷雾器和动力加压的工农-36型机动喷雾器。常量喷雾常用的剂型一般可选用乳油、可湿性粉剂、悬浮剂、可溶性粉剂和水剂等，这些制剂的有效成分含量在20%～80%之间。每公顷喷药液一般为450～1500升。常用压力一般为3～4千克力每平方厘米（294～392千帕），喷出的雾滴直径为150～1200微米。常量喷雾与喷粉比较，具有附着力强、残效期长、效果好等优点。但是存在着工效低、劳动强度大、药液易流失浪费、用水量多、污染土壤和环境等缺点。

从作用的动力来分，有手动喷雾法、机动喷雾法和航空喷雾法等三类。

① 手动喷雾法。是以手动方式产生的压力使药液通过液力式喷头喷出，与外界静止的空气相冲撞而分散成为雾滴的施药方法。它是我国最普遍的喷雾方法，它适合于小规模农业结构，尤其适合个体农户使用。常量喷雾的药械人力加压的有工农-16型背负式喷雾器等。手动喷雾法所用的喷雾器不论是哪种类型的，它们的喷头只有一种，即切向离心式空心雾锥喷头，这种喷头的工作原理是当药液被压进喷头腔时，由于腔中央有一个锥形凸台，药液即从凸台基部顺切线方向绕锥面高速流动并进行加速，当到达锥顶时已接近喷孔，药液便以高速旋转液流形式通过喷孔。在喷孔的刃口作用下，药液被剪切成薄层液膜而离开喷孔，液膜破裂后分散成为雾滴。药膜的形成和破裂程度取决于药液具有的压力，而药液的压力则取决于塞杆和活塞的冲程和摇动频率。喷头的喷孔片中央有一喷液孔，孔有多种规格，一般为4种，即0.8毫米、1毫米、1.3毫米、1.6毫米。一般亩用水量在50～150公斤。

手动喷雾器的喷头喷孔片，应根据作物和病虫情况选用，一般作物的前期喷药，应选用小号喷孔片，如棉花、油菜等作物的幼株期等。喷雾量增加时应换用中号或大号的喷孔片。

手动喷雾法喷雾操作时，根据操作人员的体力，喷雾时喷雾器一般应保持在196～294千帕的压力，即气室的液面应保持在水位线上下，这样才能保持喷头雾化良好。喷洒时喷头应保持离作物50厘米左右。一方面是为了避免雾滴对作物的冲击力量过大，使药液更容易流失，另一方面在靠喷头近处雾化过程尚未充分完成，雾滴较粗大，会呈流水状淌流，造成药液洗株。在作物生长到中后期，常将喷头向上，使药液能喷到叶背。在进行田间作业时要避免人体从已经喷过药的作物中穿过，否则会大量撞落药水，办法是退行喷雾或一侧喷雾。

② 机动喷雾法。以机械或电力作为雾化或喷洒动力的喷雾方法叫做机动喷雾法。此种喷雾所用器械叫机动喷雾机，常量喷雾的药械动力加压的有工农-36型机动喷雾机等。其特点是工作压力高、射程较远、雾滴细、工作效率高，既可用于草坪，又可用于农田、果园等处的病虫害防治。还有一种是喷雾车，喷雾车是目前应用较多、综合防治效果较好的一种病虫害防治机械。它通常以汽车或拖拉机为主机，配置喷雾设备，向植株喷洒药液。该机型的采用大大提高了工作效率，降低了劳动强度。按动力和喷雾设备安装方式不同，把以小型手扶拖拉机为动力的喷雾车称为手扶式喷雾车，喷雾设备悬挂在拖拉机尾部的称为悬挂式喷雾车，由汽车或拖拉机牵引的属于牵引式喷雾车，而直接装在车辆底盘上的称为自行式喷雾车。

喷雾车按药液雾化过程不同，可分为液力喷雾车和风送喷雾车两类。喷雾车上配置一些附件，也可以用于喷灌和路面洒水，因而在草坪、园林绿化作业中广泛应用。

③ 航空喷雾法。航空喷雾法是指利用飞机装载喷雾机进行喷雾的一种施药方法，可常量喷雾，也可低容量喷雾和超低容量喷雾。适用于连片种植的作物，以及果园、草原、森林、荒滩等地块。适用于飞机喷洒的农药剂型有粉剂、可湿性粉剂、水分散性粒剂、悬浮剂、干悬浮剂、乳油、水剂、油剂、颗粒剂等。飞机喷粉由于粉粒飘移严重，已很少使用，即使喷粉也应在早晨平稳气流条件下作业。

飞机施药作业时间，一般为日出后半小时和日落前半小时，如条件具备，也可夜晚作业。作业时风速：喷粉不大于3米/秒，喷雾或喷微粒剂不大于4米/秒，撒颗粒剂不大于6米/秒。

航空喷雾法防治的优点：施药工效高，尤其对暴发性害虫的防治很有利，如蝗虫、黏虫，超低容量喷雾，每架次可防治400～500公顷，每天可起飞5～6次；适应性较广，对地面喷药有困难的地方，如森林、沼泽、山丘及水田等用飞机化学防治较为方便；用药液量少，不但可用常量、低容量喷雾，而且也可用超低容量喷雾（每公顷1.5～2.2公斤）。

航空喷雾法防治亦存在一些缺点：药剂在作物上的覆盖度往往不及地面喷药，尤其在作物的中、下部受药较少，因此用于防治在作物下部危害的病虫害效果较差；施药地块必须集中，否则作业不便；大面积防治，往往缩小了有益生物（如蜜蜂等各种传粉昆虫）和害虫天敌的生存缝隙；飞机喷粉受风和上升气流影响很大，当风速达1.5米/秒时，已不能进行喷粉作业，所以，飞机喷洒药剂少用喷粉法而多用喷雾法。

（2）低容量喷雾法

低容量喷雾的药液用量一般为每公顷7.5～450升，喷出的雾滴直径为100～200微米，使用的药械有东方红-18型背负式弥雾喷粉机、手动工农喷雾器等，采用小孔径的喷片。低容量喷雾与常量喷雾比，其显著特点是省工、省药、省水、费用低、工效高、防治及时。与超低容量喷雾比，对农药剂型要求不高（所有可用于常量喷雾的剂型均可用于低容量喷雾），对气象条件要求不严格，对器械要求不严格，简单易行，容易掌握。

低容量喷雾一般按行进速度、作业方向和雾流沉降在作物上的方式可分为飘移性喷雾法、针对性喷雾法、针对性飘移喷雾法、定向喷雾法。飘移性喷雾法，即在风速大于0.5米/秒，作物高度为0.8～1米时采用的一种低容量喷雾法。喷药时，操作者在上风处行走，喷头高出作物顶端1米，喷孔与风向相同。该法作业速度快，工作效率高。但易受阵风和上升气流的影响，往往出现漏喷现象。针对性喷雾法，为在风速小于0.5米/秒、作物高度低于0.8～1米时采用的一种方法。喷药时，操作者在上风处与风向成垂直方向行走，喷头高出作物顶端0.5～1米，喷头孔朝下，每走一步，喷杆左右摆动一次。该法作业速度较慢，喷药时应注意摆动位置不能覆盖人的前进路线。针对性飘移喷雾法是由飘移性喷雾法和针对性喷雾法组合而成的。操作时，近处的喷孔朝下，进行针对性喷雾，远处喷孔向外进行飘移性喷雾。定向喷雾法，即操作者将喷头指向目标物喷雾，该法适应性强，药效好，但工效低。

（3）超低容量喷雾法

超低容量喷雾的药液用量一般在每公顷7.5升以下，雾滴直径为70微米左右。超低容量喷雾法一般选用专供此种方法用的油剂（超低容量喷雾剂）。使用的药械有东方红-18型背负式机动超低容量喷雾机、额娃式手持电动超低容量喷雾机。额娃式手持电动超低容量喷雾机就是一种典型的离心式雾化器，东方红-18型背负式弥雾喷粉机的喷口部位换装一只转盘雾化器，就可以进行超低容量喷雾。超低容量喷雾，由于喷洒时雾滴十分细小，而且用油配制不易蒸发，在植株中的穿透性好，从而达到较高的防治效果。但是，超低量喷雾时，要注意：一要选择无风或微风天气进行，要避开中午前上升气流大、气温高时作业，以减少雾滴的挥发和飞逸；二要注意施药安全，防止施药人员经皮肤或呼吸道摄入高浓度的药液而引起中毒。

静电喷雾法也是一种超低容量喷雾技术，是通过高压静电发生装置使喷出的雾滴带电荷的喷雾方法。这种带电雾滴受作物表面感应电荷吸引，对作物产生包抄效应，将作物包围起来，因而可沉积到作物叶片的正面和背面，从而提高了防治效果。农药利用率提高到90%以上，静电喷雾器喷出的雾滴直径为30～50微米。

静电喷雾法的缺点是带电雾滴对植物冠层的穿透能力较差，大部分沉积在靠近喷头的靶标上；若用带风机的喷雾机3WFB-18J型背负式机动静电喷雾机则可借助风力形成的气流辅助输送雾滴，就可明显改善喷雾质量。以3WFB-18型背负式机动喷雾机作为主机，加安静电发生装置和换上静电喷头，并喷施特制的静电油剂农药，同时按照一定的操作规程进行施药，即能产生好的施药效果，在6米的喷幅内都能达到好的防效，并且防治每亩的大田作物仅需使用100毫升专用的静电油剂，且无需兑水，全部施药仅用2分钟。

（三）其他方法

1. 土壤处理法

土壤处理法，即对土壤表面或土壤表层进行药剂处理的一种施药方法。剂型可以是颗粒剂、胶囊剂、微胶囊剂等固态药剂，也可以是乳油等液态药剂，还可以用气体药剂。该方法能防治土壤中有害生物、杂草及种子携带的病虫，内吸性药剂经种子、幼芽或根吸收后也能杀灭地上的有害生物。

土壤用药时，要考虑到土壤质地、有机质含量、土壤颗粒成分、土壤水分、土壤pH、土壤微生物等，还有雨水、灌溉水等一些因素，因为它们能影响农药的性能、半衰期和残效期，如除草剂草甘膦进入土壤后会很快与土中的铁、铝等金属离子结合而失去活性。

2. 种苗处理法

种苗处理法包括拌种法、种苗浸渍法、种衣法等。

（1）拌种法

即用干的药粉处理种子，让药粉沾到种子上，一般在拌种器中装入种子及称好的药粉，使之以40～50转/分的速度旋转，处理数分钟即可。注意转速不宜快，带毛的种子（如带绒毛的棉籽）不能用拌种器。另外用一定量的药液与种子拌和后，再堆闷一段时间，使种子收尽药液，这也是拌种的一种方法，多称为湿拌或闷种。

（2）种苗浸渍法

即用药剂的水溶剂、乳油液或悬浮液浸渍种子、秧苗、苗木或插条等的施药方法。通过浸种或浸苗，可使种子充分吸水，以利催芽播种；可以使种苗吸收农药，防止病虫入侵；可以杀死种子及秧苗、苗木或插条等内外的病原菌或害虫。用于浸种、浸苗的药剂多为水剂或乳油、悬浮剂，也可以用可湿性粉剂。浸种时，药液用量以浸没种粒为限。浸种药剂可连续使用，但注意要及时补充所减少的药液量。浸种温度一般要在10～20℃，温度高时，应适当降低药液浓度或缩短浸种时间。种子不同，药液浓度、温度、浸种时间、剂型要求不同。

（3）种衣法

是用种衣剂包衣种子的方法，此方法已广泛用于小麦、玉米、大豆、水稻等作物。

3. 熏蒸法

熏蒸法是用熏蒸剂在常温下蒸发成为气体，于密闭条件下熏杀菌、虫、鼠的施药方法。常用的药剂有液态的敌敌畏等，有气态的熏灭净等，有固态的樟脑丸等。

实施熏蒸防治应该在密闭空间或相对密闭的环境下进行，多用来防治收获后的农产品、果树、苗木中的病虫，杀灭土壤中的病虫及杂草种子，防治温室、大棚栽培植物上的病虫，以及居室中的害虫。

4. 熏烟法

熏烟法是指利用农药烟剂在空气中形成的烟来防治病虫的一种施药方法。熏烟法使用方便、工效高、不增加湿度，但易污染环境，适于在密闭环境中使用，如粮库、相对密闭的温室大棚。

5. 撒粒法

撒粒法是指将颗粒剂农药撒施到一定范围内以防治植物病虫害的一种施药方法。对毒性高或易挥发的农药品种，不便采用喷雾和喷粉方法，可以制备成颗粒剂撒施。该法无须配制药液，可以直接使用，方便、省工，且无粉尘和雾滴飘移。

6. 泼浇法

泼浇法是指将药液借用洒水壶或瓢直接泼洒在农作物上或果树树盘下面，来防治病虫害的一种施药方法。此法用药量比喷雾法稍多，用水量比喷雾法多达10倍，一般每亩用水400～500升。泼浇法在水稻田使用最多，主要用于防治水稻株下部活动的水稻螟虫、稻飞虱等害虫。

7. 毒饵法

毒饵法，即用农药和害虫等有害动物喜食的饵料配制成毒饵，并撒到一定的场所，来毒杀害虫等有害生物的一种施药方法。该法适用于诱杀具有迁移活动能力、咀嚼取食的有害动物，如害鼠、害虫、蜗牛和蛞蝓等。

毒杀害虫常用的饵料有豆饼、花生饼、麦麸等，用药量一般为饵料量的1％～3％。也可用鲜水草或野菜，药剂用量一般为饵料量的0.2％～0.3％。

8. 注射法

注射法，即在树干的适宜位置钻孔深达木质部，再注入内吸性农药，从而达到防虫治病目的的一种施药方法。药剂注入植物体后，随树体的水分运动而发生纵向运输和横向扩散，从而均匀地分布在植物体内。该法主要用于防治林木、果树、行道树等蛀干害虫。

9. 包扎法

包扎法也是利用内吸性药剂向顶输导的特性，将药剂用吸水性材料吸收后，包裹在树干周围，或把药液涂刷在树干周围，再用防止药液蒸发的材料包扎好，让药剂通过树皮进入树内发挥药效作用的一种施药方法。

包扎法和注射法的相同之处是：强制将药剂送到树干内。不相同之处是：包扎法把药剂包在树干外，让药剂通过树皮皮孔进入木质部或导管系统，而注射法是把药剂直接注入树干，吸收更快。

10. 涂抹法

涂抹法即将药液涂抹在植株的某一部位上的一种施药方法。所选用的农药是内吸剂或是能比较牢固地黏附在植物表面上的触杀剂。但一般需要配加适宜的黏着剂，例如，在树干上涂抹杀菌剂、杀虫剂或杀螨剂，可以杀灭在树干上栖息、蛰伏或直接为害的有害生物。另外，利用药剂的内吸作用，对植株局部涂抹施药，药剂内吸输导到叶片毒杀刺吸式口器害虫。如对玉米、棉花可以涂茎杀蚜。用药剂涂抹瓜果类的花器，可以保花、保果，提高坐果率。涂抹法能集中用药，省药、减少污染，但费工。

六、农药的真假识别与正确购买

（一）如何识别农药真假

农药质量的优劣直接影响防治效果的好坏，农药质量好也是安全、合理使用农药的前提条件。因此，在购买农药时，要注意从标签、产品外观等方面先对农药质量进行简易识别，必要时可将农药样品送至有关单位进行质量检测，但在实际生活中，消费者在购买农药时，在没有检测仪器的情况下，可采取一些简单、便捷的方法，对所购农药的质量做出初步的判断。主要有以下几种方法。

1. 从农药标签及包装外观上识别真假

（1）标签内容

农药登记时，对农药标签有严格要求，凡是登记的农药，其标签都应经过农业行政主管部门审查备案。经审查后确定的标签内容，要求注明产品名称、农药登记证号、产品标准号、生产许可证号（或生产批准文件号）以及农药的有效成分、含量、重量、产品性能、毒性、用途、使用方法、生产日期、有效期、注意事项与生产企业名称和地址、邮政编码等内容。分装的农药，还应当注明分装单位（进口农药产品没有产品标准号和生产许可证号或生产批准文件号）。未经农业行政主管部门批准，任何单位不得擅自修改标签内容。因此，消费者在购买农药时，要重点检查标签是否具有上述内容，如缺少上述任何一项内容，则应提出疑问。

（2）产品名称

标签上的产品名称必须标明农药通用名（中文通用名和英文通用名）。商品名称经国务院农业行政主管部门审查批准后也可以同时标明在标签上。这里必须提醒农药用户注意，按国家有关规定，商品名后必须注明其有效成分的中文通用名；产品为混剂（复配制剂）的，必须注明其混配有效成分的中文通用名及其各自的含量。

因此，在购买农药时，要看标签上有没有标明中文通用名。标明的才能买，若没有，以不买为妥。

（3）产品包装

相同剂量的相同产品包装应相同，不能有大有小，内外包装应完整，不能有破损。

（4）产品合格证

每个农药产品的包装箱内，都应附有产品出厂检验合格证，消费者在购买农药时要查看有无产品出厂检验合格证，以确定所购产品质量。

（5）私自分装的农药产品

国家禁止任何单位和个人未办理农药分装登记证而擅自将大包装产品分成小包装产品。因为私自分装的农药，一般都没有标签，使用不安全，而且分装者容易在分装农药中掺杂使假；同时若出了问题，消费者手中没有产品的原始包装，而难以追究责任。因此，散装农药不能购买。

2. 从农药物理形态上识别优劣

（1）粉剂、可湿性粉剂

粉剂、可湿性粉剂应为疏松粉末，无团块，颜色均匀，如有结块或颗粒感，说明已受潮，不仅产品的细度达不到要求，其有效成分及含量也可能发生变化，从而影响使用效果。

（2）乳油

乳油应为均相液体，无沉淀或悬浮物，如出现分层和混浊现象，或者加水稀释后的乳状液不均匀或有浮油、沉淀物，都说明产品质量可能有问题。

（3）悬浮剂、悬乳剂

悬浮剂、悬乳剂应为可流动的悬浮液，无结块，长期存放可能存在分层现象，但经摇晃后应能恢复原状。如果经摇晃后产品不能恢复原状或仍有结块，说明产品存在质量问题。

（4）熏蒸片剂

熏蒸用的片剂如呈粉末状，表明已失效。

（5）水剂

水剂应为均相液体，无沉淀或悬浮物，加水稀释后一般也不出现混浊。

（6）颗粒剂

颗粒剂产品应粗细均匀，不应含有许多粉末。

3. 用简单的理化性能测试方法进行检查

（1）乳化性能

检查乳油类农药乳化性能，按国家规定的标准方法，在有条件的实验室内进行，在农家是无法进行的。这里介绍一种能在田间地头进行检验的方法：玻璃杯（高筒状最好，或无色透明的油瓶）内装 1 升水（配药要用的水），滴加

1 毫升乳油，如能自动扩散成白色乳状液，乳化性能就好；搅拌均匀后，静置 1 小时，液面无浮油，底部无沉油或固体沉淀，就是好的乳剂。

另外，从配成的乳状液的外观就可以判断乳油的乳化性能。乳油在水中的分散度是很高的，油珠直径一般都在 5 微米以下。当油珠直径为 1～5 微米时，乳状液外观呈白色半透明；0.1～1 微米时呈蓝色半透明；0.05～0.1 微米时呈灰色半透明；小于 0.05 微米时呈透明状，乳化分散性能最好。有些农药，如吡虫啉、敌敌畏的乳油，加入水中，其有效成分溶于水而形成无色透明或近似透明的真溶液，也是好的乳状液。在应用时，人们往往有一种错觉，认为能使水变成浓乳白色的就有“劲”，而实际上它仅是粗乳化的表现，并不代表是最好的。一般在表面不漂油、底部无底油的情况下，乳状液的色浅些表明乳化性能更好。

（2）湿展性能

介绍一种能在田间地头采用的简便检查方法：把配好的药液放在 1 个广口瓶或盆中，摘取作物干叶片数片（注意不要刮擦叶片表面），用手指捏住叶柄，把叶片浸入药液中，经数秒钟后提出观察，叶片沾满药液，表明湿展性能良好；叶片上有药液的液斑，表明湿展性能不佳；叶片上沾不住药液，表面没有湿展能力，这样的农药就不能买。

（3）悬浮率

可采用如下简易方法检查其悬浮性能：准备 1 只 200 毫升的量筒（如没有量筒，可用 1 个无色透明的酒瓶代替），装满准备用来配药的水；另取约 1 克可湿性粉剂药粉，放在折卷起来的光滑的纸上，把药粉顺纸卷轻轻倒在水面上，仔细观察。药粉在半分钟内能自行浸入水中，并自行分散，一面慢慢下沉，一面向四面扩散，形成混浊悬浮液，稍加搅动后，放置半小时（1 个喷雾器装药水大约 15 公斤，约需半小时喷完，所以药粉悬浮时间必须能达到半小时以上才能符合标准），上层不出现清水层，筒底不出现厚的沉淀或只有很薄一层沉淀物，则表明悬浮性能良好。药粉在水面结成团漂着，或只有较粗大的团粒很快沉入水底而不能在水中扩散，经搅动也不能分散悬浮到水中，则表明悬浮性能极差，不能兑水喷雾。

（4）粉粒细度

粉粒细度是粉剂、可湿性粉剂、悬浮剂等剂型农药的一个重要的质量指标，粉粒细度不合格的产品属劣质农药。如没有 200 号或 325 号筛目的筛子，可以在保证安全的情况下，用以下简易方法进行测定：粉剂农药，可用大拇指和食指捏住少量药粉，轻轻捻动，直到捻完全部药粉时没有颗粒硌手的感觉，则表明粉粒很细，产品基本合格；对可湿性粉剂和悬浮剂，可采用观察悬浮性能的方法检查。

（5）有效成分含量

农药有效成分含量的测定是比较难的，有的还很复杂，且一种农药一种测定方法，因而一般农户是无法自行测定的。若对某个农药产品有效成分的种类和含量有较大的怀疑，应委托有关技术单位进行化验。如果委托化验不方便，农户也可做初步的药效试验：按标签上注明的防治对象、用药量、使用方法进行施药，观察防治效果。若药效显著降低，甚至无防治效果，这就可能是有效成分含量不够。

（二）如何正确购买农药

选购农药时应根据有害生物类型、为害特点进行选择，同时还要考虑作物种类。同一种有害生物在不同的作物田为害时，选择的农药可能不同。有些农药属于限制性农药，只能在某些特定的作物上使用，而有些农药则是非限制性的，对使用的作物没有规定。一些高毒高残留农药在果蔬、草药和茶叶田里是禁止使用的，农药标签上都给出了相应的适用范围和防治对象。

选择农药种类时的注意事项：

（1）要选对症和无公害农药，不要盲目选用剧毒农药

看防治对象，选择对口农药。农药按用途可分为杀虫剂、杀菌剂、杀螨剂、杀鼠剂、除草剂、植物生长调节剂，选购时要按防治对象选用对口农药。每一种杀菌或杀虫剂都有它的防病治虫范围，在对症下药基础上还要考虑选择无公害农药。

（2）要多用单质和兼治农药，不用或少用复配和专治农药

由于单质药多为复配药的基本药，一般提倡用纯品单质的“老”药，不用或少用复配药。同时能用一种药解决的不用两种药，能用兼治药解决的不用专治药，例如波尔多液和唑类既防烂果又防落叶，阿维菌素既防山楂红蜘蛛、苹果红蜘蛛，又防二斑叶螨。

（3）注意农药购买量

标签上提供了农药使用剂量，根据剂量确定需要购买的农药的量。如标签上推荐的使用剂量为每公顷 1500 克或每亩地用 100 克，根据需要施用的作物田的面积，计算需要购买的农药的量。最好购买的正好能一次用完，或购买有小包装的产品，不要购买大包装，一年用不完，需要贮存，第二年再用可能就失效了。

（4）了解农药安全间隔期

农药安全间隔期是指最后一次使用到农产品收获之间间隔的时间，如某种农药在某种农作物上的安全间隔期是 14 天，那么要在这种作物收获前 14 天停止用药，或者最后一次用药距离收获至少要间隔 14 天。这非常重要，如果在安全间隔期内用药或者提前收获，则农产品上的农药残留可能超标，影响农产品的食用、销售或出口。

（5）看生产厂家，选择优质农药

当前农药生产厂家很多，一般经过国家注册的大型企业，具有承担民事责任的能力，信誉好，产品质量优，购买农药时应优先选购这些企业的产品。

（6）要算一算成本和价格，不要花冤枉钱

生产上多数果园在农药上有 20%以上的节约成本的空间，相当一部分果农认为能打下虫子、治好病就行，不管成本高低，最惨的是花好多钱买了治不好病虫的药。可根据有效成分含量计算一下每种有效成分价格是多少，再与常规农药有效成分价格进行对比，哪一个便宜用哪一个。复配药一般价格较高。

（三）购买农药时的注意事项

1. 看“三证”

根据规定，农药标签上都应标注农药登记证号、农药生产许可证号、执行标准号，没有这三种证号的农药，请不要购买。因为农药是一种特殊商品，根据国家规定，只有经审查批准登记后的农药才能生产、销售和使用。

2. 看有效成分及含量

根据有关规定，农药标签都应当标注有效成分及含量，凡有效成分含量与实际含量不符的属劣质农药。

3. 看外观物理特性

农药在运输、贮藏、销售过程中由于不合理贮运，可能造成农药质量过早下降。因此，在选购农药时还应注意农药形态。合格的粉剂、可湿性粉剂应是疏松粉末，无结块现象；乳油应为均相液体，无杂质、分层、沉淀；颗粒剂要求颗粒完好率在 85%以上，如果破碎多，呈粉末状，可能已失效。出现不正常现象的农药不宜购买，以防发生药害。

4. 看农药包装、生产日期

首先检查农药包装是否破损泄漏。要确保购买贮存良好的产品，且包装没有破损，农药标签完好清晰。农药包装破损泄漏对于购买者、运输和使用过程中接触到的任何人都非常危险。其次检查农药生产日期或生产批号和有效期。

5. 看使用范围

农药标签上标有适用作物范围，在水果、蔬菜、茶叶、中药材上应禁止用剧毒、高毒农药，防止农药中毒事故发生。

6. 不要购买散装农药

农药包装是经过精心设计制作的，非常坚韧，不易损坏，同时也便于倾倒、易于清洗，减少了农药使用者的接触风险。农药原始包装都有标签，便于消费者阅读并了解农药，获取安全用药知识。

7. 看农药生产厂家的地址、通信方式

当前市场上有不法厂家冒充知名厂家生产农药，其产品存在严重的质量隐患，又不能承担民事责任，选购时应注意标签上的地址和通信区号是否与生产厂家的地址、通信区号相符。

8. 看注意事项

看注意事项，防止产生药害及破坏生态环境。有些农药在某种作物上不宜施用，有些农药在某种环境不能使用，选购时应特别注意，以免产生药害或破坏生态环境。

9. 留票据

要向经营者索要销售票据，产品包装物、标签、销售凭证要妥善保存，一旦出现农资质量等问题，及时向有关部门投诉。不要接收未注明品种名称、数量、价格及销售单位的票据。

第二部分
农药的主要品种、特性及使用

一、杀菌剂种类及特性

（一）保护性杀菌剂

1. 无机铜杀菌剂

(1) 波尔多液

作用特点：波尔多液是一种良好的无机铜保护性杀菌剂，抑菌谱广，具有良好的展着性和黏着性，在植物表面可形成薄膜，不易被雨水冲刷，持效期比较长，致病菌不易产生抗药性，对作物比较安全，微量铜能使病原菌细胞膜上的蛋白质凝固及进入细胞内的少量铜离子与某些酶结合而影响酶的活性以抑制致病菌。

制剂：80％碱式硫酸铜可湿性粉剂，28％碱式硫酸铜悬浮剂。

使用方法：广泛用于防治大田作物、蔬菜、果树和经济作物等的多种病害，对霜霉病、炭疽病和马铃薯晚疫病等叶部病害效果尤佳。在病原菌侵入寄主前施用最为适宜。波尔多液可以自己配制。自行配制：硫酸铜、生石灰的比例及加水多少，要根据作物种或品种对硫酸铜和石灰的敏感程度（对铜敏感的少用硫酸铜，对石灰敏感的少用石灰）以及防治对象、用药季节和气温的不同而定。生产上常用的波尔多液比例有：波尔多液石灰等量式（硫酸铜：生石灰＝1∶1）、倍量式（1∶2）、半量式（1∶0.5）和多量式［1∶（3～5）］。也可以买现成制剂直接稀释喷雾使用。

注意事项：

① 对铜敏感的作物如李、桃、鸭梨、白菜、小麦、苹果、大豆等在潮湿多雨条件下，因铜的离解度增大和对叶表面渗透力增强，易产生药害；

② 对石灰敏感的作物如茄科、葫芦科、葡萄、黄瓜、西瓜等，在高温干燥条件下易产生药害。

（2）氢氧化铜（可杀得）

作用特点：是以氢氧化铜为主的铜基杀菌剂，具有使用范围广，黏附性极强，不受雨水、风的影响，药效较长，对人畜安全，没有残留等特点，对真菌性、细菌性病害效果好，尤其对细菌性病害效果更好。

制剂：77%氢氧化铜可湿性微粒粉剂。

使用方法：在发病初期，亩用120～150克，加水40～50公斤，均匀喷洒，间隔7～10天喷一次，连续喷2～4次，能防治多种作物上的真菌和细菌病害，适用于瓜类的叶斑病、炭疽病、早（晚）疫病、立枯病、霜霉病等多种病害。

注意事项：

① 桃、李等果树对铜敏感，应禁用，苹果、梨的花期、幼果期禁用；

② 须单独使用，避免与其他农药混用。

2. 无机硫杀菌剂

石硫合剂（多硫化钙）

作用特点：具有杀菌、杀虫作用。石硫合剂稀释喷于植物上，接触空气发生一系列化学变化，形成极微小的硫磺沉淀并释放少量硫化氢发挥杀菌、杀虫作用。石硫合剂呈碱性，有侵蚀昆虫表皮蜡质层的作用，因此对介壳虫及卵有较强的杀伤力。

制剂：45%石硫合剂结晶、45%石硫合剂固体、29%石硫合剂水剂。

使用方法：用于苜蓿、大豆、果树上防治白粉病、黑星病、炭疽病等；作为杀虫剂，可软化介壳虫的蜡质，对果树上红蜘蛛的卵有效。防治苹果、梨叶螨或介壳虫，于果树发芽前，用45%石硫合剂结晶或固体20～30倍液喷雾；防治柑橘树螨、介壳虫和锈壁虱，在早春用45%石硫合剂结晶或固体180～300倍液喷雾，晚秋用300～500倍液喷雾。防治苹果树白粉病，在发病初期用29%石硫合剂水剂70～200倍液喷雾。

注意事项：

① 不能与酸性农药、油乳剂、铜制剂及各类化学肥料混用，喷过油乳剂或波尔多液后需30天才能施用；

② 桃、李、梨等蔷薇科植物和豆科植物对石硫合剂产生的硫磺敏感，应慎用。

3. 有机硫杀菌剂

（1）福美双（炭疽福美）

作用特点：抗菌谱广，主要用于处理种子和土壤，防治禾谷类黑穗病和多种作物的苗期立枯病。也可喷洒防治果树、蔬菜的一些病害。

制剂：50%、70%福美双可湿性粉剂，80%福美双水分散粒剂。

使用方法：用50%可湿性粉剂500克药拌166公斤种子，可防治水稻立枯病、禾谷类黑穗病；500克药拌100～125公斤种子，防治白菜、甘蓝、萝卜、蚕豆等苗期立枯病、猝倒病；亩用100克药，拌500公斤细土，在播种前混拌到苗床表面进行土壤消毒，防治烟草根腐病。50%可湿性粉剂兑水成500～800倍液喷雾，防治草莓等灰霉病，梨黑星病，马铃薯、番茄晚疫病，瓜菜类霜霉病，葡萄炭疽病、白腐病等。

注意事项：不能与铜、汞剂及碱性药剂混用或前后紧接使用。

(2) 代森铵（康俊）

作用特点：是具保护和治疗作用的杀菌剂。代森铵水溶液能渗透植物组织，杀菌力强，能防治多种作物病害。在植物体内分解后还有肥效作用。

制剂：45%代森铵水剂。

使用方法：45%代森铵水剂防治蔬菜霜霉病、早疫病、晚疫病、炭疽病、水稻稻瘟病、玉米大小斑病，用1000～1500倍液喷雾。

注意事项：

① 本品不宜与石硫合剂、波尔多液、铜制剂等混用；

② 喷雾稀释倍数少于1000倍时，对某些作物易发生药害；

③ 气温高时对豆类作物易产生药害。

(3) 代森锌（邦蓝）

作用特点：是一种叶面喷洒使用的保护剂，有效成分化学性质较活泼，能直接杀死病原菌孢子，抑制孢子的发芽，阻止病原菌侵入植物体内，但对已侵入植物体内病原菌丝体的杀伤作用很小。药效期短，在日光照射及吸收空气中的水分后分解较快，其残效期约7天。

制剂：65%、80%代森锌可湿性粉剂。

使用方法：既可用于防治真菌性病害，又可有效防治细菌性病害，如果树轮纹病、黑星病、锈病、炭疽病、褐斑病、黑斑病、葡萄霜霉病和黑痘病，核果类果树细菌性和真菌性穿孔病等，蔬菜霜霉病、早疫病、晚疫病、炭疽病、真菌性叶斑病和细菌性叶斑病等。用65%代森锌可湿性粉剂500～700倍液或80%代森锌可湿性粉剂800～1000倍液，在病害发生前均匀喷雾防治。

注意事项：

① 葫芦科蔬菜对锌敏感，用药时要严格掌握浓度，不能过大；

② 不能与铜制剂或碱性药物混用，放置在阴凉、干燥、通风处，受潮会

分解。

(4) 代森锰锌(大生)

作用特点：为杀菌谱较广的保护性杀菌剂，主要是抑制菌体内丙酮酸的氧化。它常与内吸性杀菌剂混配，用于延缓抗性的产生。

制剂：50%、80%代森锰锌可湿性粉剂。

使用方法：80%代森锰锌可湿性粉剂防治番茄早疫病、西瓜炭疽病，用量为125～187.5克/亩；防治苹果树斑点落叶病、轮纹病、炭疽病，梨树黑星病，葡萄霜霉病、黑痘病、白腐病，用600～800倍液喷雾。

注意事项：

① 该药不能与铜及强碱性农药混用，在喷过铜、汞、碱性药剂一周后才能喷此药；

② 在茶树上的间隔期为半个月。

(5) 丙森锌(安泰生)

作用特点：在花期和作物各个生育期均可用药。由于它不含可能会对作物造成药害的锰，对作物更安全，可释放锌离子以补充作物生长所需的锌元素，因此具有叶面肥的功效，使果菜着色好、品质高。

制剂：70%丙森锌可湿性粉剂。

使用方法：主要用于防治蔬菜、葡萄霜霉病，番茄早疫病、晚疫病，苹果树斑点落叶病等，用70%丙森锌可湿性粉剂400～700倍液均匀喷雾。

注意事项：不能与碱性农药或含铜的农药混用，如前后分别使用，间隔期应在7天以上。

(6) 敌磺钠(敌克松)

作用特点：是种子和土壤消毒剂。以保护作用为主，兼有弱的内吸渗透性，能被植物根、茎吸收后输导至其他部位，可以保持相当长的药效。

制剂：50%、70%敌磺钠可溶性粉剂。

使用方法：防治黄瓜和番茄的枯萎病、茄子的黄萎病，使用70%可溶性粉剂600倍液灌根，每株300～400毫升，间隔7天使用1次，连续使用3次；防治黄瓜疫病、炭疽病和茄子绵疫病，使用70%可溶性粉剂600～1000倍液茎叶喷雾及喷洒于病株附近地面，间隔7天喷1次，连喷4～5次；防治西瓜猝倒病，发病初期亩用70%可溶性粉剂100克，兑水50公斤后喷雾。

注意事项：敌磺钠不能与碱性农药和农用抗生素混合使用。制剂使用时溶解较慢，可先加少量水搅均匀后，再加水稀释溶解，最好现配现用。

4. 有机氯类杀菌剂

(1) 五氯硝基苯（土粒散）

作用特点：本药为保护性杀菌剂，用于土壤处理和种子消毒。杀菌机制被认为是影响菌丝细胞的有丝分裂，对丝核菌引起的病害有较好的防效。

制剂：20％、40％五氯硝基苯粉剂。

使用方法：五氯硝基苯用作种子处理剂和土壤处理剂。作拌种剂时，每千克种子需40％粉剂分别为：防治小麦腥黑穗病、散黑穗病及秆黑粉病，5克；防治棉花立枯病、炭疽病，10克；防治甜菜苗期立枯病、猝倒病，3.5～9克。土壤消毒可采用根施、沟施和灌浇等方法。用40％粉剂6.75千克/公顷拌土后根施，可有效地防治油菜、莴苣、豌豆的菌核病。用40％粉剂37.5～75千克/公顷拌土后沟施，可有效地防治甘蓝根肿病和茄子猝倒病。在有效剂量下对作物无药害。

(2) 百菌清

作用特点：其主要作用是预防真菌侵染，没有内吸传导作用，但在植物表面有良好的黏着性，不易受雨水冲刷，有较长的药效期。

制剂：75％百菌清可湿性粉剂、45％百菌清烟剂。

使用方法：75％百菌清可湿性粉剂防治番茄早疫病、黄瓜霜霉病用量为147～267克/亩，防治花生叶斑病用量为111～133克/亩，喷雾。

注意事项：不能与石硫合剂、波尔多液等碱性农药混用，梨、柿、桃、梅和苹果树等使用浓度偏高会发生药害。

5. 二甲酰亚胺类杀菌剂

(1) 异菌脲（扑海因）

作用特点：为广谱接触性杀菌剂，对葡萄孢属、链孢霉属、核盘菌属、小菌核属等菌具有较好的杀菌效果。

制剂：50％异菌脲可湿性粉剂。

使用方法：50％异菌脲可湿性粉剂防治番茄灰霉病、早疫病用量为50～100克/亩，防治苹果树轮纹病、褐斑病用1000～1500倍液喷雾。

注意事项：要避免与强碱性药剂混用，不宜长期连续使用，以免产生抗药性，应与其他杀菌剂交替使用。

(2) 腐霉利（速克灵）

作用特点：主要是抑制菌体内甘油三酯的合成，具有保护和治疗的双重作用。对葡萄孢属和核盘菌属真菌有特效。

制剂：50%腐霉利可湿性粉剂、10%腐霉利烟剂。

使用方法：一般使用50%可湿性粉剂1000～1500倍液均匀喷雾。熏烟适用于防治保护地内各种瓜果蔬菜的灰霉病、菌核病，特别适合于连阴天时用药。在天气连阴2天后或初见病斑时立即开始用药，7天左右1次，连用2～3次。一般每亩保护地使用10%烟剂300～500克，均匀分多点点燃，而后密闭熏烟一夜。

注意事项：

① 不能与碱性药剂如波尔多液、石硫合剂混用，且不宜与有机磷农药混配；

② 长时间单一使用易使病原菌产生抗药性，应与其他杀菌剂轮换使用。

(3) 乙烯菌核利（农利灵）

作用特点：主要干扰细胞核功能，并对细胞膜和细胞壁有影响，改变膜的渗透性，使细胞破裂。对核盘菌和灰葡萄孢有特效。

制剂：50%乙烯菌核利可湿性粉剂、50%乙烯菌核利水分散粒剂。

使用方法：防治黄瓜、番茄的灰霉病、早疫病及油菜菌核病用量为75～100克/亩，喷雾。

6. 代森联类

代森联（品润）

作用特点：是一种优良的保护性杀菌剂，杀菌范围广、不易产生抗性，对作物安全，花期也可用药。对作物的主要病害如霜霉病、早疫病、晚疫病、疮痂病、炭疽病、锈病、叶斑病等病害具有预防作用。

制剂：70%代森联干悬浮剂。

使用方法：70%代森联干悬浮剂防治黄瓜霜霉病用量为105～160克/亩，防治苹果斑点落叶病、轮纹病、炭疽病用300～700倍液喷雾。

7. 苯吡咯类

咯菌腈（适乐时）

作用特点：为广谱触杀性杀菌剂，用于种子处理，可防治大部分种子带菌及土壤传染的真菌病害。在土壤中稳定，在种子及幼苗根际形成保护区，防止病原菌入侵。

制剂：2.5%咯菌腈悬浮种衣剂、50%咯菌腈可湿性粉剂。

使用方法：大麦、小麦、玉米、花生、马铃薯每100公斤种子用2.5%咯菌腈悬浮种衣剂100～200毫升；大豆每100公斤种子用2.5%咯菌腈悬浮种衣剂200～400毫升；水稻每100公斤种子用2.5%咯菌腈悬浮种衣剂200～800毫升；蔬菜每100公斤种子用2.5%咯菌腈悬浮种衣剂400～800毫升。

（二）内吸性杀菌剂

1. 有机磷类

（1）异稻瘟净

作用特点：主要干扰细胞膜透性，使几丁质的合成受阻碍，导致细胞壁不能生长，抑制菌体的正常发育。主要用于防治水稻稻瘟病。

制剂：40%、50%异稻瘟净乳油。

使用方法：

① 稻叶瘟的防治：在病害发生初期，每亩用40%乳油150毫升，兑水50～75公斤，常规喷雾。如病情继续发展，可在1周后再喷1次。

② 稻穗颈瘟的防治：在水稻破口及齐穗期各喷1次，每亩用40%乳油150～200毫克，兑水40～50公斤，常规喷雾。如果前期叶瘟较重，后期肥料过多，稻苗生长嫩绿及易感病品种，可在抽穗期再喷1次。

（2）敌瘟磷（克瘟散）

作用特点：对水稻稻瘟病有良好的预防和治疗作用，同时对水稻纹枯病，胡麻叶斑病、穗枯病，玉米大小斑病及麦类赤霉病等有良好的防治效果。对飞虱、叶蝉及鳞翅目害虫兼有一定的防效。

制剂：30%敌瘟磷乳油。

使用方法：防治水稻叶瘟应注意保护易感病的分蘖盛期，在叶瘟发病初期喷药，每亩用30%乳油100～133毫升，兑水喷雾。如果病情较重，可1周后再喷药1次。

注意事项：使用除草剂敌稗前后10天禁用敌瘟磷。

（3）乙磷铝（疫霉灵）

作用特点：是一种具双向传导的内吸性杀菌剂，具有保护和治疗作用。对霜霉属、疫霉属等鞭毛菌引起的病害有良好的防效。

制剂：40%、80%乙磷铝可湿性粉剂，90%乙磷铝可溶性粉剂。

使用方法：各类蔬菜霜霉病的防治可用40%可湿性粉剂200～300倍液在发病初期喷药，每隔10天喷1次，共喷2～5次；番茄晚疫病、轮纹病，黄瓜疫病，茄子绵疫病，甜椒疫病的防治用40%可湿性粉剂200～300倍液喷雾，间隔期为7～10天，共喷3～4次；水稻纹枯病、稻瘟病的防治可用40%可湿性粉剂300倍液喷雾，间隔期为10天，共喷3～4次；烟草黑胫病防治每次每亩用40%可湿性粉剂750克，兑水50公斤喷雾，间隔期为7～10天，共喷2～3次。

注意事项：勿与酸性、碱性农药混用，以免分解失效。

2. 苯并咪唑类

(1) 多菌灵

作用特点：对子囊菌和半知菌有效，对鞭毛菌和细菌引起的病害无效，具有保护和治疗作用。

制剂：50%、80%多菌灵可湿性粉剂，80%多菌灵水分散粒剂。

使用方法：50%多菌灵可湿性粉剂用于防治麦类赤霉病，水稻纹枯病、稻瘟病；许多果树、蔬菜病害，如白粉病、黑星病等，常用量为每亩80～100克，兑水15～20升喷雾。

(2) 甲基硫菌灵（甲基托布津）

作用特点：能防治多种作物病害，具有预防和治疗作用。它在植物体内转化为多菌灵，主要用于防治子囊菌、担子菌和半知菌真菌病害。

制剂：70%甲基硫菌灵可湿性粉剂、70%甲基硫菌灵水分散粒剂。

使用方法：防治苹果树轮纹病用800～1000倍液。防治小麦赤霉病用量为75～100克/亩，水稻纹枯病用量为100～140克/亩，花生褐斑病用量为25～33克/亩，西瓜炭疽病用量为40～50克/亩，喷雾。

注意事项：可与多种农药混合使用，但不能与铜制剂混用。

3. 唑类

(1) 氟硅唑（福星）

作用特点：该药主要是破坏和阻止病原菌的细胞膜重要组成成分麦角甾醇的生物合成，导致细胞膜不能形成，使病原菌死亡。对子囊菌、担子菌和半知菌所致病害有效，对卵菌纲无效。

制剂：40%氟硅唑乳油。

使用方法：防治葡萄黑痘病、白腐病、炭疽病，黄瓜黑星病，梨树黑星病用8000～10000倍液喷雾。

(2) 腈菌唑（信生）

作用特点：对病原菌麦角甾醇的生物合成起抑制作用，具有预防和治疗作用。对子囊菌、担子菌均有较好的防治效果，持效期长。

制剂：25%腈菌唑乳油、40%腈菌唑可湿性粉剂。

使用方法：防治梨白粉病在始见发病时，喷洒25%乳油5000～6000倍液，间隔 15 天左右，共喷 1～2 次，同时兼治黑星病。

(3) 咪鲜胺（施保克）

作用特点：对子囊菌及半知菌引起的多种作物病害有特效。通过抑制甾醇的生物合成而起作用。具有良好的渗透性，对多种病害具有治疗和铲除作用。

制剂：25％、40％咪鲜胺乳油，25％咪鲜胺水乳剂，50％咪鲜胺可湿性粉剂。

使用方法：防治水稻恶苗病用 25％乳油 20 毫升加水 80～100 公斤，配成 4000～5000 倍液，浸泡稻种 80～100 公斤 4～5 天，浸泡时每天搅拌 2～3 次，捞出后直接催芽播种；在发病期喷药，用 25％乳油 1 公斤加水 500～800 公斤，配成 500～800 倍液，均匀喷洒，采收前 10 天停止喷药。

(4) 戊唑醇（立克秀）

作用特点：具有保护、治疗和铲除作用。防病谱广，用于防治锈病和白粉病等多种植物的各种高等真菌病害，作为种衣剂对禾谷类各种作物黑穗病有很高的活性。

制剂：25％立克秀水乳剂、43％立克秀悬浮剂、2％立克秀湿拌剂、80％立克秀可湿性粉剂。

使用方法：防治小麦黑穗病时，在播种前每 100 公斤种子用 2％湿拌剂 400～600 克，进行拌种，充分拌匀后播种。防治水稻纹枯病时，在水稻苗期，每亩用 43％悬浮剂 10～15 毫升，兑水 30～45 公斤，进行手动喷雾。

(5) 三唑酮（粉锈宁）

作用特点：是一种高效、低毒、低残留、持效期长、内吸性强的三唑类杀菌剂。被植物的各部分吸收后，能在植物体内传导。对锈病和白粉病具有预防、治疗和熏蒸等作用。对多种作物的病害如玉米圆斑病、小麦叶枯病、玉米丝黑穗病等均有效。对鱼类及鸟类较安全。对蜜蜂和天敌无害。

制剂：15％三唑酮可湿性粉剂、20％三唑酮乳油。

使用方法：在瓜类白粉病病害发生初期，三唑酮用量为亩用 20％三唑酮乳油 30～50 毫升或 15％可湿性粉剂 45～60 克，兑水喷雾；对菜豆、豇豆、豌豆、辣椒等的白粉病，用 15％可湿性粉剂 1000～1200 倍液喷雾或用 20％乳油 1500～2000 倍液喷雾。防治温室蔬菜白粉病用土壤处理法，每立方米土壤用 15％可湿性粉剂 10～15 克拌和，作为种植用土，药效期达 2 个月以上。

（6）三环唑（比艳）

作用特点：是一种内吸性较强的杀菌剂，能迅速被水稻根、茎、叶吸收，并输送到稻株各部。三环唑抗冲刷力强，喷药一小时后遇雨不需补喷药。主要是抑制孢子萌发和附着孢形成，从而有效地阻止病原菌侵入和减少稻瘟病原菌孢子的产生。

制剂：20%、75%三环唑可湿性粉剂。

使用方法：水稻叶瘟的防治，在秧苗3～4叶期每亩用20%可湿性粉剂50～75克，兑水40～50公斤，常规喷洒；防治水稻穗颈瘟，在水稻孕穗末期或破口初期，用20%可湿性粉剂75～100克，兑水40～50公斤，均匀喷洒。

4. 杂环化合物类

（1）苯醚甲环唑（世高）

作用特点：是一种内吸广谱杀菌剂，对子囊菌、半知菌和担子菌引起的病害具有很强的保护和治疗性，主要用于防治多种作物的叶斑病、白粉病、锈病及黑星病等病害。

制剂：10%苯醚甲环唑水分散粒剂。

使用方法：10%苯醚甲环唑水分散粒剂防治西瓜炭疽病每亩用50～75克，柑橘树疮痂病用667～2000倍液，梨树黑星病每亩用量15～25克，茶树炭疽病用1000～1500倍液，大蒜叶枯病每亩用30～60克，辣椒炭疽病及菜豆锈病每亩用75～125克，喷雾。

（2）恶霉灵（土菌消）

作用特点：是内吸性种子和土壤杀菌剂，与土壤中的铁离子、铝离子结合，抑制病原菌孢子的发芽。对腐霉菌、镰刀菌等引起的猝倒病有较好的预防效果。能被植物的根吸收及在根系内移动，在植株内代谢产生两种糖苷无毒产物，对作物生长有刺激作用。

制剂：15%、30%恶霉灵水剂，70%恶霉灵可湿性粉剂。

使用方法：在防治水稻立枯病和恶苗病时，使用15%水剂1000～1500倍液，也可用70%可湿性粉剂4000～6000倍液，或者30%水剂2000～3000倍液浸泡种子；在防治水稻、黄瓜、番茄等苗床病害时，每平方米可用70%可湿性粉剂1.5～2克，在处理苗床土壤时，可以兑水3千克喷雾；在防治西瓜和黄瓜等枯萎病时，可使用15%水剂300～400倍液，或70%可湿性粉剂1500～2000倍液进行灌根，或30%水剂600～800倍液，每株浇灌药剂 150～250 毫升；在防治番茄、茄子、黄瓜、辣椒的猝倒病和立枯病时，在发病早期喷以 15%水剂 1000 倍液，平均每平方米喷药液 2～3 千克；在防治烟草猝倒病和立枯病时，发病早期喷以 70%可湿性粉剂 3000～3300 倍液。

注意事项：在拌种时，要严格控制好药剂用量，拌种后随即晾干，不宜闷种，防止出现药害。

(3) 稻瘟灵（富士一号）

作用特点：为内吸杀菌剂，对稻瘟病有特效。稻株吸收药剂后累积于叶组织，特别是集中于穗轴与枝梗，从而抑制病原菌侵入和生长，起到预防与治疗作用。

制剂：30%、40%稻瘟灵乳油，40%稻瘟灵可湿性粉剂。

使用方法：在田间出现水稻叶瘟发病中心或急性病斑时，每亩用 40%可湿性粉剂 60～75 克，兑水 60～75 升喷雾。防治穗颈瘟每亩用 40%可湿性粉剂 75～100 克，兑水 60～75 升喷雾，在孕穗后期到破口和齐穗期各喷 1 次。

(4) 嘧霉胺（施佳乐）

作用特点：主要抑制灰葡萄孢霉的孢子萌发和菌丝生长，用于防治各种作物灰霉病。

制剂：20%嘧霉胺可湿性粉剂、40%嘧霉胺悬浮剂、40%嘧霉胺水分散粒剂。

使用方法：防治黄瓜、西葫芦、苦瓜、甜瓜、冬瓜、番茄、辣椒、茄子、芸豆、韭菜、莴笋等瓜果蔬菜的灰霉病、菌核病。一般每亩使用 40%悬浮剂 80～100 毫升，或 20%可湿性粉剂 150～200 克，兑水 60～75 公斤均匀喷雾，矮秆蔬菜或植株小时喷药适当降低用量。先将各种病组织摘出园外，然后再喷药防治效果最好。

5. 甲氧基丙烯酸酯类

(1) 嘧菌酯（阿米西达）

作用特点：具有保护、治疗和抗产孢作用，具内吸和跨层转移作用。高效、广谱，对几乎所有的子囊菌、担子菌、鞭毛菌和半知菌都有很高的杀菌活性。

制剂：50%嘧菌酯水分散粒剂、25%嘧菌酯悬浮剂。

使用方法：最佳用药时间为开花前、谢花后和幼果期，使用方法是在霜霉病、早疫病、炭疽病、叶斑病等病害发生初期施药，用25%悬浮剂1000～1500倍液进行茎叶喷雾，每隔10天喷一次。

（2）醚菌酯（翠贝）

作用特点：具有保护、治疗和铲除作用，对大多数子囊菌、担子菌和半知菌都有良好的杀菌活性。

制剂：50%醚菌酯水分散粒剂。

使用方法：50%醚菌酯水分散粒剂防治黄瓜、草莓白粉病每公顷用200～300克，喷雾。

6. 吗啉类

（1）烯酰吗啉（安克）

作用特点：是专一杀卵菌纲真菌的杀菌剂，具有保护和抗产孢作用，对霜霉属、疫霉属特别有效，对腐霉属效果稍差。

制剂：50%烯酰吗啉可湿性粉剂、10%烯酰吗啉水乳剂。

使用方法：防治霜霉病稀释成2000～3000倍液，使用方法为喷雾。

（2）氟吗啉

作用特点：具有保护及治疗作用。对霜霉科和疫霉属所引起的真菌病害有优异的防治效果，对黄瓜霜霉病具有良好的防治效果。

制剂：20%氟吗啉可湿性粉剂。

使用方法：防治黄瓜霜霉病每公顷用375～750克。

7. 生物源杀菌剂

（1）春雷霉素（春日霉素）

作用特点：是农用抗生素，具有较强的内吸性，该药主要干扰氨基酸代谢的酯酶系统，从而影响蛋白质的合成，抑制菌丝伸长和造成细胞颗粒化，但对孢子萌发无影响。

制剂：2%、4%、6%春雷霉素可湿性粉剂。

使用方法：防治番茄叶霉病、黄瓜细菌性角斑病，每亩用2%春雷霉素水剂140～175毫升喷雾，每隔7天喷药1次，连续喷药2～3次；还可防治辣椒细菌性疮痂病、番茄灰霉病、西红柿灰霉病、甘蓝黑腐病、黄瓜枯萎病、黄瓜炭疽病等多种病害。

（2）多抗霉素（多氧霉素）

作用特点：属广谱性抗生素类，具有较好的内吸传导作用，其作用机制是干扰病原菌细胞壁几丁质的生物合成，芽管和菌丝体接触药剂后，局部膨大，破裂，溢出细胞内含物，而不能正常发育，最终死亡。还有抑制病原菌产孢和病斑扩大作用，对由交链孢菌和灰葡萄孢引起的病害有良好的防治效果。

制剂：1.5%、2%、10%多抗霉素可湿性粉剂，0.3%多抗霉素水剂。

使用方法：草莓灰霉病的防治每亩用10%可湿性粉剂100～150克，加水50～75公斤喷雾，每周喷1次，共3～4次；蔬菜苗期猝倒病的防治用10%可湿性粉剂1000倍液对土壤进行消毒；黄瓜霜霉病、白粉病的防治用2%可湿性粉剂1000倍液对土壤进行消毒；防治瓜类枯萎病用0.3%水剂80～100倍溶液灌根。

(3) 井冈霉素（有效霉素）

作用特点：是内吸作用很强的农用抗生素，当水稻纹枯病原菌的菌丝接触到井冈霉素后，井冈霉素能很快被菌体细胞吸收并在菌体内传导，干扰和抑制菌体细胞正常生长发育，从而起到治疗作用。井冈霉素也可用于防治小麦纹枯病、稻曲病等。

制剂：3%、5%、10%井冈霉素水剂，5%、10%、20%井冈霉素可溶性粉剂。

使用方法：纹枯病一般在水稻封行后至抽穗前期或盛发初期，每次每亩用5%可溶性粉剂100～150克，兑水75～100公斤，针对水稻中下部喷雾或泼浇，间隔期7～15天，施药1～3次；水稻稻曲病，在水稻孕穗期，每亩用5%水剂100～150毫升，兑水50～75公斤喷雾。

(4) 嘧啶核苷类抗生素（农抗120）

作用特点：是一种广谱抗生素，它对许多植物病原菌有强烈的抑制作用，对瓜类白粉病、花卉白粉病和小麦锈病防效较好。

制剂：2%、4%嘧啶核苷类抗生素水剂。

使用方法：4%水剂防治菜瓜白粉病用400倍液喷施，防治西瓜枯萎病用200～400倍液灌根，防治番茄早疫病用200～400倍液喷施。

(5) 烟酰胺（凯泽）

作用特点：具有保护和治疗作用，杀菌谱广。除对灰霉病和菌核病有防效外，对早疫病、黑斑病、斑枯病、叶枯病、叶斑病、蔓枯病、白粉病、锈病、枯萎病和青霉烂果病等也有良好的防效。持效期长，耐雨水冲刷，喷施后半小时降雨不影响药效。

制剂：50％烟酰胺水分散粒剂。

使用方法：50％烟酰胺水分散粒剂防治灰霉病用1000～1500倍液喷雾。

8. 混配杀菌剂

（1）霜脲·锰锌（克露）

作用特点：是由霜脲氰和代森锰锌混配而成，具有保护兼治疗作用，不易产生抗性，对马铃薯、番茄晚疫病，黄瓜、葡萄霜霉病等蔬菜、果树上的病害有很好的防效。

制剂：72％霜脲·锰锌可湿性粉剂（含64％代森锰锌和8％霜脲氰）。

使用方法：防治黄瓜霜霉病用量为133～167克/公顷，防治番茄晚疫病用量为130～180克/公顷，防治荔枝树霜霉病、疫霉病用500～700倍液，使用方法为喷雾。

（2）噁霜·锰锌（杀毒矾）

作用特点：是由噁霜灵和代森锰锌混配而成。具有保护和治疗双重功效。专用于防治霜霉科、白锈科和腐霉科等真菌所引起的烟草黑胫病、黄瓜霜霉病等。

制剂：64％噁霜·锰锌可湿性粉剂（含8％噁霜灵和56％代森锰锌）。

使用方法：防治黄瓜霜霉病每亩用172～203克，防治烟草黑胫病每亩用203～250克，使用方法为喷雾。

（3）春雷·王铜（加瑞农）

作用特点：是春雷霉素与王铜的复配剂，具有保护和治疗作用。适用于防治蔬菜、果树上多种真菌性及细菌性病害。

制剂：50％春雷·王铜可湿性粉剂（含5％春雷霉素和45％王铜）、47％春雷·王铜可湿性粉剂（含2％春雷霉素和45％王铜）。

使用方法：防治番茄叶霉病，每亩用47％可湿性粉剂93～124克，兑水喷雾；防治黄瓜霜霉病，每亩用47％可湿性粉剂100～130克，兑水75～100升，于发病初期喷第1次药，后每隔7～10天喷1次，再喷药1～2次。

（4）精甲霜·锰锌（金雷）

作用特点：是精甲霜灵与代森锰锌的复配剂，具有保护和治疗作用。专用于防治卵菌纲引起的多种作物的霜霉病、疫霉病、早疫病、晚疫病等病害。

制剂：68％精甲霜·锰锌水分散粒剂（含4％精甲霜灵和64％代森锰锌）。

使用方法：防治番茄晚疫病、黄瓜霜霉病、辣椒疫病、马铃薯晚疫病、葡萄霜霉病、西瓜疫病、烟草黑胫病每亩用100～120克；防治荔枝霜霉病、疫病稀释成800～1000倍液喷雾。

（5）锰锌·氟吗啉（施得益）

作用特点：是氟吗啉和代森锰锌复配而成。有预防和治疗作用，适用于黄瓜霜霉病的防治，对作物安全。

制剂：50%锰锌·氟吗啉可湿性粉剂（含43.5%代森锰锌和6.5%氟吗啉）。

使用方法：防治番茄晚疫病、黄瓜霜霉病、辣椒疫病、葡萄霜霉病、烟草黑胫病稀释成500～750倍液，喷雾使用。

（6）唑醚·代森联（百泰）

作用特点：具有阻止病原菌侵入、防止病原菌扩散和清除体内病原菌三重作用，持效期长达14天以上，对作物安全。主要用于防治瓜果、蔬菜的霜霉病，在草坪、园林植物上除用于霜霉病的防治外，对褐斑病、白粉病、斑枯病等病害有明显的效果。促进氮、二氧化碳的吸收，抑制二氧化碳的逃逸，进而增强作物的抵抗力。

制剂：60%唑醚·代森联水分散粒剂（含55%代森联和5%吡唑醚菌酯）。

使用方法：在发病前或发病早期稀释成1000～2000倍液，均匀喷雾。

（7）苯甲·丙环唑（爱苗）

作用特点：是一种具有保护和治疗作用的广谱性杀菌剂，可防治子囊菌、担子菌和半知菌所引起的病害。

制剂：300克/升苯甲·丙环唑乳油（含150克/升苯醚甲环唑和150克/升丙环唑）。

使用方法：防治水稻纹枯病亩用15毫升兑水50～60升喷雾防治。

（8）丙森·缬霉威（霉多克）

作用特点：主要成分是丙森锌和缬霉威，它含有内吸性全新化合物，具保护、治疗和铲除作用；广谱杀菌，持效期长，尤其对黄瓜、葡萄、辣椒、番茄、西瓜和白菜等作物上的霜霉病、疫病等有极高防效。丙森锌又富含有机锌，可防治小叶病和提高果实品质，从而达到杀菌、补锌一举两得。

制剂：66.8%丙森·缬霉威可湿性粉剂（含61.3%丙森锌和5.5%缬霉威）。

使用方法：800～1000倍兑水稀释，均匀充分喷雾至叶片。

9. 其他类

（1）氨基甲酸酯类——霜霉威（普力克）

作用特点：专用于防治卵菌纲病害，特别是用于疫霉菌和腐霉菌，也用于防治多种作物的霜霉病。

制剂：722 克/升霜霉威水剂。

使用方法：722 克/升霜霉威水剂防治黄瓜猝倒病、疫病用 400～600 倍液进行苗床浇灌，防治黄瓜霜霉病用 600～1000 倍液喷雾，防治辣椒疫病用 600～900 倍液喷雾。

（2）嘧啶类——嘧菌环胺（和瑞）

作用特点：具有保护、治疗、叶片穿透及根部内吸活性。对由半知菌和子囊菌引起的病害如灰霉病、斑点落叶病等有极好的防治效果。

制剂：50％嘧菌环胺水分散粒剂。

使用方法：50％嘧菌环胺水分散粒剂防治辣椒、草莓灰霉病每亩用 60～96 克，葡萄灰霉病用 625～1000 倍液，使用方法为喷雾。

（3）甲氧基丙烯酸酯类——吡唑醚菌酯（凯润）

作用特点：具有保护、治疗、叶片渗透传导作用。对黄瓜白粉病、霜霉病和香蕉黑星病、叶斑病有较好的防治效果，作用迅速，持效期长。

制剂：250 克/升吡唑醚菌酯乳油。

使用方法：防治黄瓜白粉病、霜霉病的制剂用药量为 20～40 毫升/亩。防治香蕉黑星病、叶斑病稀释为 1000～3000 倍液，使用方法为喷雾。

（4）啶菌噁唑（灰霉净、菌思奇）

作用特点：属甾醇合成抑制性杀菌剂，具有保护和治疗作用。通过根部施药能有效地控制地上叶部病害的发生与危害，具有广谱的杀菌活性。

制剂：25％啶菌噁唑乳油。

使用方法：防治番茄的灰霉病、叶霉病和黄瓜灰霉病，于发病初期亩用 25％乳油 55～100 毫升，兑水喷雾，间隔 6～8 天，连续施药 2～3 次，能有效控制病害发生。

（5）噻唑酰胺类——噻呋酰胺（满穗）

作用特点：该药具有较强的内吸作用，持效期长。可防治多种植物病害，特别是担子菌丝核菌属真菌所引起的病害。

制剂：240 克/升噻呋酰胺悬浮剂。

使用方法：防治水稻纹枯病施药适期为水稻分蘖末期至孕穗初期，每亩用

240 克/升噻呋酰胺 14～25 毫升，兑水喷雾。

二、杀虫剂种类及特性

（一）有机磷类

1. 敌敌畏

作用特点：敌敌畏是一种高效、速效、广谱的有机磷杀虫剂，具有触杀、胃毒和熏蒸作用，对咀嚼式口器害虫和刺吸式口器害虫均有良好的防治效果。蒸气压较高，对害虫有极强的击倒力，对一些隐蔽性的害虫如卷叶蛾幼虫也具有良好效果。

制剂：50%、80%敌敌畏乳油。

使用方法：80%敌敌畏乳油兑水 800～1500 倍喷雾，可防治水稻、棉花、果树、蔬菜等作物上的多种害虫，例如蔬菜黄曲条跳甲、菜青虫、水稻叶蝉、飞虱、豆天蛾、苹果卷叶虫、苹果巢蛾、梨星毛虫、桃小食心虫、烟青虫等。80%乳油空仓杀虫防治米象、谷盗、大谷盗、长角谷盗、黑菌虫、麦蛾等仓库害虫，用 1000 倍液喷洒，施药后密闭 2～3 天，效果显著。温度高时，挥发快，见效快。

注意事项：敌敌畏在一般浓度下对高粱、玉米易产生药害；苹果开花后喷射浓度高于 1200 倍时，易发生药害。

2. 敌百虫

作用特点：是一种毒性低、杀虫谱广的有机磷杀虫剂，具有很强的胃毒和触杀作用。对植物具有渗透性，但无内吸传导作用。

制剂：80%、90%敌百虫可溶性粉剂，25%敌百虫油剂，5%敌百虫粉剂，80%敌百虫晶体。

使用方法：80%敌百虫可溶性粉剂稀释 500 倍以下喷雾，可防治玉米黏虫、棉叶跳虫；700～1000 倍液喷雾，可防治水稻螟虫、稻苞虫、黏虫、豆荚螟、玉米螟、菜青虫、黄守瓜等。

注意事项：敌百虫要随用随配，不能久存，否则易分解失效；不能与碱性药剂配合或同时使用；不能超过治疗剂量；吸湿性强，要放在通风、避光、阴凉干燥处保存。

3. 辛硫磷（倍腈松）

作用特点：广谱，具有强烈的触杀和胃毒作用。

制剂：40%、800 克/升辛硫磷乳油，3%辛硫磷颗粒剂。

使用方法：40％乳油防治菜青虫用2000～2500倍液喷雾；防治棉铃虫、红铃虫、棉蚜等用800～1000倍液喷雾。防治蛴螬、蝼蛄采用种子处理方法，小麦用40％乳油500毫升，加水25～50公斤，拌种子250～500公斤；玉米、高粱、大豆用40％乳油500毫升，加水20公斤，拌种子200公斤，或每亩沟施3％颗粒剂6000克。

注意事项：

① 高粱、黄瓜、菜豆和甜菜等都对辛硫磷敏感，使用不慎会引起药害，应按已登记作物规定的使用量施用；

② 该药在光照条件下易分解，所以田间喷雾最好在傍晚和夜间，拌闷过的种子也要避光晾干，贮存时放在暗处；

③ 药液要随配随用，不能与碱性药剂混用，作物收获前5天禁用。

4. 马拉硫磷（马拉松）

作用特点：马拉硫磷具有良好的触杀、胃毒作用和微弱的熏蒸作用。

制剂：45％、70％马拉硫磷乳油，25％马拉硫磷油剂。

使用方法：45％马拉硫磷乳油兑水稀释2000倍喷雾可防治菜蚜、棉蚜、棉蓟马，稀释1000倍左右可防治菜青虫、棉红蜘蛛、棉椿象等。

注意事项：瓜类和番茄幼苗对该药较敏感，不能使用高浓度药液。

5. 毒死蜱（乐斯本）

作用特点：广谱杀虫、杀螨剂，具有触杀、胃毒和熏蒸作用，在叶片上的残留期不长，但在土壤中的残留期则较长，对地下害虫的防效好。

制剂：40％、480克/升毒死蜱乳油，15％毒死蜱颗粒剂。

使用方法：防治小麦黏虫、桃蚜、介壳虫、桃小食心虫、茶尺蠖、小绿叶蝉、茶叶瘿螨，用40％毒死蜱乳油800～1500倍稀释液喷雾；防治棉蚜、棉红蜘蛛、稻纵卷叶螟、茶毛虫、茶刺蛾用40％乳油1000倍液喷雾；防治棉铃虫、棉红铃虫、小菜蛾、甜菜夜蛾，用40％乳油500～1000倍稀释液喷雾。防治花生地下害虫每亩撒施15％毒死蜱颗粒剂1250克。

（二）氨基甲酸酯类

1. 仲丁威（巴沙）

作用特点：仲丁威杀虫快，有杀卵和内吸作用，在低温情况下仍有良好的杀虫效果，对稻飞虱和黑尾叶蝉及稻椿象触杀作用强，但持效期短，除碱性农药外，可同常用的杀虫剂、杀菌剂混用。

制剂：20%、25%仲丁威乳油。

使用方法：25%仲丁威乳油防治稻蓟马、稻叶蝉、稻飞虱，兑水稀释500～1000倍喷雾；防治稻纵卷叶螟稀释400～750倍喷雾；防治棉蚜稀释1000～1500倍喷雾；防治蚊蝇，将乳油稀释成1%的溶液，按每平方米1毫升进行喷洒，也可与拟除虫菊酯类农药混配，其防效更好。

注意事项：

① 在一般用量下，对作物无药害，对植物有渗透输导作用；

② 在水稻上使用的前后10天，避免使用敌稗。

2. 异丙威（叶蝉散）

作用特点：异丙威具有较强的触杀作用，速效性强，主要防治水稻叶蝉、飞虱类害虫，能兼治蓟马，亦能防治其他咀嚼式口器害虫。对稻田蜘蛛类天敌较为安全，持效期较短。对蚂蟥具有强烈的杀伤作用。

制剂：2%、4%异丙威粉剂，20%异丙威乳油，10%异丙威烟剂。

使用方法：

① 2%异丙威粉剂可用喷粉器直接喷粉，也可每公顷用30公斤2%异丙威粉剂，拌过筛细土粉225～300公斤，趁早晚有露水时均匀撒施于禾苗上，施药时水田应保留浅水层。

② 20%异丙威乳油稀释1000倍喷雾防治水稻叶蝉、飞虱；稀释400～500倍防治水稻蓟马、瓜类蓟马、果树潜叶蛾、木虱等。在一般使用浓度下对作物安全，但对芋有药害，不宜与碱性农药混施。

注意事项：不能与除草剂敌稗同时使用或混用，否则易发生药害，使用这两种农药的间隔期应在10天以上。

3. 抗蚜威（辟蚜雾）

作用特点：选择性强，对蚜虫有强烈触杀作用，对蚜虫天敌毒性很低。在20℃以上时有熏蒸作用，对植物叶面有一定渗透性。

制剂：25%、50%抗蚜威可湿性粉剂，25%、50%抗蚜威水分散性微粒剂。

使用方法：防治蔬菜、烟草、花生、大豆、小麦、高粱上的蚜虫，但对棉蚜无效。50%可湿性粉剂每亩用10～18克，兑水30～50公斤喷雾；经济作物上每亩用6～8克，兑水30～60公斤喷雾；粮食作物上每亩用6～8克，兑水50～100公斤喷雾。

（三）拟除虫菊酯类

1. 溴氰菊酯（敌杀死）

作用特点：具有触杀兼胃毒作用，对鳞翅目幼虫和蚜虫有极强的毒力，但对螨类、甲虫类和蚧类效果不理想。

制剂：2.5%溴氰菊酯乳油、2.5%溴氰菊酯可湿性粉剂。

使用方法：防治棉铃虫，每亩用2.5%乳油40～50毫克；对菜蚜在无翅成虫、若虫发生盛期，每亩用2.5%乳油20～30毫克兑水喷雾；防治菜青虫，在幼虫3龄盛发期前，每亩用2.5%乳油30～40毫克兑水喷雾；防治菜田黄条跳甲用2.5%乳油1000倍液喷雾；防治桃小食心虫、梨小食心虫、桃蛀螟，在产卵盛期至卵孵化盛期、幼虫蛀果前，用2.5%乳油1500～2500倍液喷雾，并可兼治蚜虫、梨星毛虫、卷叶蛾等。

注意事项：

① 不宜用于防治螨类、甲虫类、蚧壳虫类和粮食作物害虫；

② 不能和碱性农药混用；

③ 对鱼类高毒，不宜用于稻田；

④ 不能在桑园、鱼塘、河流、养蜂场等处及其周围使用。

2. 高效氯氰菊酯

作用特点：具有触杀和胃毒作用，无内吸性。

制剂：4.5%、10%高效氯氰菊酯乳油，4.5%高效氯氰菊酯微乳剂。

使用方法：4.5%乳油防治棉花棉铃虫每亩用20～40克，防治蔬菜菜蚜每亩用4～24克，防治蔬菜菜青虫、小菜蛾每亩用12～34克，防治苹果树桃小食心虫每亩用20～33克，兑水喷雾。

3. 三氟氯氰菊酯（功夫）

作用特点：是新一代低毒高效拟除虫菊酯类杀虫剂，具有触杀、胃毒作用，无内吸作用。杀虫广谱，活性高，见效快，具有强烈的渗透作用；用量少，击倒力强，残留低，能杀灭对常规农药如有机磷产生抗性的害虫。

制剂：2.5%三氟氯氰菊酯乳油。

使用方法：桃小食心虫、苹果蚜虫卵孵盛期，每亩用20～40毫升，防治小菜蛾每亩用20～40毫升，还可防治甘蓝夜蛾、斜纹夜蛾、烟毒虫、菜螟。防治菜青虫每亩用15～20毫升，防治菜蚜、瓜蚜每亩用8～20毫升，防治玉米螟，在玉米抽穗期，每亩用20～30毫升，兑水喷雾。

注意事项：

① 此药为杀虫剂，兼有抑制害螨作用，不要作为专用杀螨剂使用；

② 在碱性介质及土壤中易分解，所以不要与碱性物质混用以及不要用于处理土壤；

③ 对鱼、虾、蜜蜂、家蚕高毒，因此使用时不要污染鱼塘、河流、蜂场及桑园。

4. 甲氰菊酯（灭扫利）

作用特点：是一种具有触杀、胃毒和一定驱避作用的杀虫杀螨剂。杀虫谱广，残效期长。

制剂：20%甲氰菊酯乳油。

使用方法：防治潜叶蛾、桃小食心虫、棉铃虫、棉红铃虫、小菜蛾、菜青虫、红蜘蛛、桃蚜、白粉虱等用20%乳油稀释成2000～4000倍液均匀喷雾。

注意事项：

① 不宜在桑园附近喷药，以免污染桑叶引起家蚕中毒；

② 不能与碱性农药混用；

③ 对鱼类有毒，注意勿使药液污染鱼塘；

④ 要随配随用，不准配后存放，并控制用药量；

⑤ 在蔬菜上使用，安全间隔期为7～10天。

5. 氟氯氰菊酯

作用特点：以触杀和胃毒作用为主，杀虫谱广，作用迅速，持效期长，对作物安全。该药对多种吸果夜蛾有独特的触杀和驱避作用。

制剂：5%氟氯氰菊酯乳油。

使用方法：5%乳油防治荔枝椿象用3000倍液喷雾；对吸果夜蛾有独特的触杀及驱避作用，应用800～1000倍液喷雾，即可保持8～10天保果效果，一般在果实成熟收获前20天应用最好。

6. 高效氟氯氰菊酯

作用特点：具有触杀和胃毒作用，无内吸作用和渗透性。本品杀虫谱广，击倒迅速，持效期长，除对咀嚼式口器害虫如鳞翅目幼虫或鞘翅目部分甲虫有效外，还可用于刺吸式口器害虫如梨木虱的防治。

制剂：2.5%高效氟氯氰菊酯乳油。

使用方法：棉红铃虫每亩用25～35毫升；菜青虫每亩用26.8～33.2毫升；桃小食心虫用2000～4000倍液喷雾；金纹细蛾（俗称潜叶蛾）在成虫盛

期或卵盛期，用1500～2000倍液喷雾。

注意事项：不能与碱性农药混用，茶叶在采收前7天禁用此药，可与其他的杀虫剂轮换使用，增加药效。

7. 氰戊菊酯（来福灵）

作用特点：是一种活性较高的拟除虫菊酯类杀虫剂，具有触杀和胃毒作用。对鳞翅目幼虫效果好，对同翅目、直翅目、半翅目等害虫也有较好效果，但对螨类无效。

制剂：5%氰戊菊酯乳油。

使用方法：用5%乳油防治小麦蚜虫每亩用5～10毫升；防治黏虫每亩用10毫升；防治甜菜、甘蓝夜蛾每亩用5～10毫升；防治小菜蛾等鳞翅目幼虫每亩用10～20毫升；防治桃小食心虫用2500倍液，喷雾使用。

注意事项：

① 桑园及其附近不宜喷药，以免污染桑叶，引起家蚕中毒；

② 遇碱性物质易分解失效，不能与碱性农药混用；

③ 氰戊菊酯对鱼类有毒，施药时注意勿使药液污染鱼塘；

④ 氰戊菊酯在青菜上使用，安全间隔期为7天。

（四）烟碱类

1. 吡虫啉（咪蚜胺）

作用特点：是一种具有内吸、触杀和胃毒作用的广谱、高效、低残留、害虫不易产生抗性的杀虫剂。用于防治刺吸式口器害虫，如蚜虫、叶蝉、飞虱、粉虱、蓟马等，对鞘翅目害虫也有效，但对鳞翅目害虫的幼虫效果较差。

制剂：5%吡虫啉乳油，10%、25%吡虫啉可湿性粉剂，70%吡虫啉水分散粒剂。

使用方法：用10%可湿性粉剂防治水稻飞虱每亩用15～20克，喷雾、泼浇、毒土；防治棉花棉蚜每亩用8～20克，喷雾、灌根、毒土；防治小麦麦蚜每亩用5～10克，喷雾；防治甘蔗棉蚜、菜蚜每亩用10～20克，喷雾；防治果树梨木虱可用1000～1500倍稀释液，喷雾、灌根、涂茎。

2. 啶虫脒（莫比朗）

作用特点：具有内吸、触杀和胃毒作用。广泛用于防治果树、茶、蔬菜、棉花、水稻等作物害虫。

制剂：20%啶虫脒可溶性粉剂。

使用方法：20％可溶性粉剂在 50～100 毫升/升的浓度下，可有效地防治棉蚜、菜蚜、桃小食心虫等，以 500 毫克/升浓度施药可防治梨小食心虫等，并可杀卵。

3. 噻虫嗪（阿克泰）

作用特点：是第二代新烟碱类杀虫剂，具有内吸、触杀和胃毒作用。不易与其他杀虫剂发生交互抗性。

制剂：25％噻虫嗪水分散颗粒剂。

使用方法：用 25％水分散颗粒剂防治稻飞虱每亩用 1.6～3.2 克，喷雾；防治苹果蚜虫每亩用 5～10 克进行叶面喷雾；防治瓜类白粉虱每亩用 10～20 克进行喷雾；防治棉花蓟马每亩用 13～26 克，喷雾；防治梨木虱稀释 2000～3000 倍液喷雾。

（五）吡唑类

丁烯氟虫腈

作用特点：具有触杀、胃毒及弱内吸作用。

制剂：5％丁烯氟虫腈乳油。

使用方法：5％丁烯氟虫腈乳油亩用 50～60 毫升防治蔬菜小菜蛾。

（六）生物源类

1. 阿维菌素（齐螨素）

作用特点：阿维菌素对螨类和昆虫具有胃毒和触杀作用，不能杀卵。螨类成虫、若虫和昆虫幼虫与阿维菌素接触后即出现麻痹症状，不活动、不取食，2～4 天后死亡。因不引起昆虫迅速脱水，所以阿维菌素致死作用较缓慢。阿维菌素对捕食性昆虫和寄生天敌虽有直接触杀作用，但因植物表面残留少，因此对益虫的损伤很小。对抗性害虫有特效，如小菜蛾、潜叶蛾、红蜘蛛等。

制剂：0.6％、1％、1.8％阿维菌素乳油。

使用方法：用于防治红蜘蛛、锈蜘蛛等螨类用 1.8％阿维菌素乳油 3000～5000 倍液喷雾；用于防治小菜蛾等鳞翅目昆虫幼虫，用 1.8％阿维菌素乳油 2000～3000 倍液喷雾。

注意事项：阿维菌素对鱼类高毒，因此施药时不要使药液污染河流、水塘，不要在蜜蜂采蜜期施药。

2. 多杀霉素（菜喜）

作用特点：对害虫具有快速的触杀和胃毒作用。对叶片有较强的渗透作用，可杀死表皮下的害虫，残效期较长。对一些害虫具有一定的杀卵作用。无内吸作用。能有效地防治鳞翅目、双翅目和缨翅目害虫，也能很好地防治鞘翅目和直翅目中某些大量取食叶片的害虫种类，对刺吸式害虫和螨类的防治效果较差。对捕食性天敌昆虫比较安全，适合于蔬菜、果树、园林树木等农作物上使用。杀虫效果受下雨影响较小。

制剂：2.5%多杀霉素悬浮剂。

使用方法：防治蔬菜害虫小菜蛾、蓟马，用2.5%悬浮剂1000～1500倍液均匀喷雾，或每亩用2.5%悬浮剂33～50毫升兑水20～50公斤喷雾；防治甜菜夜蛾，每亩用2.5%悬浮剂50～100毫升兑水喷雾，傍晚施药效果好。

注意事项：

① 在蔬菜收获前1天停用，避免喷药后24小时内遇降雨；

② 本品为低毒生物源杀虫剂，但使用时仍应注意安全防护。

3. 苏云金杆菌

作用特点：苏云金杆菌对害虫主要是胃毒作用，害虫取食后由于细菌毒素的作用，很快就停止取食，同时芽孢在虫体内萌发并大量繁殖，导致害虫死亡。因此，药效较缓慢，一般害虫取食后1～2天才见效，残效期10天左右。主要用于防治鳞翅目幼虫及某些地下害虫。

制剂：100亿苏云金杆菌活芽孢悬浮剂、100亿苏云金杆菌活芽孢可湿性粉剂。

使用方法：防治二化螟、三化螟、稻苞虫、稻纵卷叶螟，在卵孵高峰后2～5天或1～2龄幼虫期，每亩用100亿活芽孢悬浮剂100～150毫升，加水50公斤喷雾，一般喷施1～2次；防治棉红铃虫、棉铃虫、造桥虫，在卵孵盛期后2～5天，每亩用100亿活芽孢悬浮剂100～150毫升，加水75公斤喷雾，连喷2次，每次间隔7～10天；防治烟青虫、向日葵螟，在幼虫1～2龄期，每亩用100亿活芽孢悬浮剂165毫升，加水50公斤喷雾；防治桃小食心虫、柳毒蛾、梨尺蠖、枣尺蠖、松毛虫，用100亿活芽孢悬浮剂500～750倍稀释液喷雾。

注意事项：

① 苏云金杆菌在气温较高（20℃以上）时使用效果好，常在6～9月间使用为宜；

② 对家蚕、蓖麻蚕毒性大，不可在桑园及养蚕场所使用；

③ 不可与杀菌剂混用；

④ 本剂易吸湿结块，应在密封、干燥、阴凉处保存。

（七）昆虫生长调节剂

1. 烯虫酯

作用特点：烯虫酯是高效、无毒、无污染农药，主要用于粮贮、烟贮害虫的防治，尤其对双翅目害虫防效更好。主要用于防治蚊科、蚤目害虫和烟草甲虫、烟草粉斑螟等。

制剂：4.1%烯虫酯乳油。

使用方法：用于防治烟草甲虫、烟草粉螟，使成虫失去繁殖力，从而有效地控制贮存烟叶害虫种群的增长，稀释4000～5000倍液，直接喷洒在烟叶上。

2. 双氧威（苯氧威）

作用特点：双氧威主要用于防治仓库害虫，并且有昆虫生长调节作用，影响昆虫的蜕皮过程。可有效地防治果树和葡萄上的许多鳞翅目害虫和蚧类，对许多有益的节肢动物安全，也用来防治蜚蠊、蚤和入侵性红火蚁。

制剂：25%双氧威可湿性粉剂、1%双氧威毒饵、24%双氧威乳油。

使用方法：25%可湿性粉剂兑水稀释3000～6000倍喷雾防治果树害虫和谷象、米象、杂拟谷盗、印度谷螟等仓库害虫。1%毒饵防治红火蚁的使用浓度为0.0125%～0.025%。24%乳油防治蜚蠊和蚤的使用浓度为60毫克/升。

3. 抑食肼

作用特点：本品具胃毒、触杀作用；对鳞翅目、鞘翅目、双翅目幼虫具有抑制进食、加速蜕皮和减少产卵的作用，施药后2～3天见效，持效期长，无残留。

制剂：20%抑食肼可湿性粉剂。

使用方法：防治菜青虫在低龄幼虫时施药，用20%可湿性粉剂1500～2000倍液均匀喷雾；防治小菜蛾和斜纹夜蛾在幼虫孵化高峰期至低龄幼虫盛发高峰期施药，用20%可湿性粉剂600～1000倍液均匀喷雾；防治水稻稻纵卷叶螟和稻黏虫，在幼虫1～2龄高峰期施药，每亩用20%可湿性粉剂50～100克，兑水均匀喷雾。

4. 虫酰肼（米满）

作用特点：为昆虫蜕皮加速剂，属昆虫生理激素剂。昆虫接触虫酰肼后，在不该蜕皮时，提前产生蜕皮反应，开始蜕皮，由于不能完全蜕皮而导致幼虫脱水，饥饿而死亡。虫酰肼对鳞翅目害虫有特效。

制剂：20%、24%虫酰肼悬浮剂。

使用方法：20%悬浮剂防治水稻螟虫，甘蔗螟虫，蔬菜上的甜菜夜蛾、斜纹夜蛾、豆荚螟、瓜绢螟，苹果卷叶蛾用1000～2000倍液喷雾；防治菜青虫、豆卷叶螟用2000～3000倍液喷雾。在虫卵孵化前或孵化时使用效果最佳。

5. 灭幼脲

作用特点：灭幼脲是一种昆虫几丁质合成抑制剂，主要是胃毒作用，接触毒性极弱，无熏蒸作用。昆虫的幼虫取食之后，体表的几丁质合成受到抑制，不能蜕皮而引起死亡。对有些成虫进行处理，有抑制产卵及使卵不孵化的作用，因此也是一种不育型药剂。对鳞翅目幼虫有特效，并兼治某些卫生害虫，如蚊、蝇类幼虫，持效期30天以上。

制剂：25%、50%灭幼脲悬浮剂，25%灭幼脲悬浮乳油。

使用方法：防治森林松毛虫、舞毒蛾、舟蛾、天幕毛虫、美国白蛾等食叶类害虫用25%悬浮剂2000～4000倍液，每公顷飞机超低容量喷雾450～600毫升，在其中加入450毫升的尿素效果会更好；防治农作物黏虫、螟虫、菜青虫、小菜蛾、甘蓝夜蛾等害虫，用25%悬浮剂2000～2500倍液均匀喷雾；防治桃小食心虫、茶尺蠖、枣尺蠖等害虫用25%悬浮剂2000～3000倍液均匀喷雾。

注意事项：

① 此药在2龄前幼虫期进行防治效果最好，虫龄越大，防效越差；

② 灭幼脲悬浮剂有沉淀现象，使用时要先摇匀后加少量水稀释，再加水至合适的浓度，搅匀后喷用；

③ 灭幼脲类药剂不能与碱性物质混用，以免降低药效，和一般酸性或中性的药剂混用药效不会降低。

6. 氟铃脲

作用特点：氟铃脲具有杀虫活性高、杀虫谱较广、击倒力强、速效等特点。在通过抑制蜕皮而杀死害虫的同时，还能抑制害虫取食速度，故有较强的击倒力，广泛用于棉花、马铃薯及果树，防治多种鞘翅目、双翅目、同翅目和鳞翅目昆虫。

制剂：5%、10%氟铃脲乳油。

使用方法：5%乳油，用量为0.5～1公斤/公顷（棉花）和200～300克/公顷（果树）可防治棉花和果树上的鞘翅目、双翅目和鳞翅目害虫；防治棉铃虫和甘蓝小菜蛾的用量分别为1.2～2.4公斤/公顷和0.6～1.2公斤/公顷。

7. 除虫脲

作用特点：具有胃毒和触杀作用，通过抑制昆虫的几丁质合成，而干扰了角质精层的形成，使幼虫在蜕皮时不能形成新表皮，虫体成畸形而死亡，作用缓慢，对刺吸式口器昆虫无效。对鳞翅目害虫效果好，对鞘翅目、双翅目、瘿螨等也有效。

制剂：5%、25%除虫脲可湿性粉剂，20%除虫脲悬浮剂，5%除虫脲乳油。

使用方法：20%悬浮剂兑水稀释1000～2000倍喷雾可防治黏虫、玉米螟、玉米铁甲虫、稻纵卷叶螟、二化螟、柑橘木虱等害虫，以及菜青虫、小菜蛾、甜菜夜蛾、斜纹夜蛾等蔬菜害虫。5%乳油稀释1000～1500倍可防金纹细蛾、茶尺蠖等。

注意事项：

① 除虫脲作用较慢，防治时机应适当提前，在幼虫初孵期防治最好，对高龄幼虫效果相对较差；

② 要避光贮存，不能与碱性物质混合使用。

8. 氟虫脲（卡死克）

作用特点：主要是胃毒和触杀作用，无内吸、熏蒸功能，并有很好的叶面滞留性，通过干扰害虫、害螨几丁质的形成而达到杀虫、杀螨作用，尤其对未成熟阶段的螨和害虫有高的活性，不能杀成虫和成螨。

制剂：5%氟虫脲乳油。

使用方法：防治柑橘潜叶蛾，在潜叶蛾成虫羽化盛期放梢时，新梢抽出约1～2厘米时进行喷药，用5%乳油1000～1500倍液喷雾，7～8天后再喷一次；防治各种果树上的毒蛾、刺蛾、尺蠖、凤蝶等幼虫，宜在卵孵盛期至低龄幼虫期防治，用5%乳油1000～1500倍液喷雾。

注意事项：与除虫脲相同。

9. 氟啶脲（定虫隆、抑太保）

作用特点：氟啶脲以胃毒作用为主，兼有触杀作用，无内吸作用。通过抑制几丁质合成，阻碍昆虫正常蜕皮，使卵的孵化、幼虫蜕皮及蛹发育畸形，成虫羽化受阻。对多种鳞翅目、直翅目、鞘翅目、膜翅目、双翅目等害虫有很高活性，对甜菜夜蛾、斜纹夜蛾有特效，对蚜虫、叶蝉、飞虱等刺吸式口器害虫无效。

制剂：5%氟啶脲乳油。

使用方法：防治桃蛀螟、梨小食心虫等害虫，用5%乳油1000～1500倍液喷雾；防治小菜蛾、菜青虫、豆野螟、棉铃虫、棉红铃虫、苹果小食心虫、桃小食心虫等鳞翅目害虫，使用5%乳油兑水稀释1000～2000倍喷雾。

注意事项：

① 本剂是阻碍幼虫蜕皮致使其死亡的药剂，从施药至害虫死亡需3～5天，因此，使用此药需在低龄幼虫期进行；

② 本剂无内吸传导作用，喷药要均匀，使枝叶及虫体都被药液润湿；

③ 对低龄鱼、虾等甲壳类有很大影响，应避免将药液混入鱼塘；

④ 对家蚕有长期毒性，应避免在桑园、蚕室附近施药。

10. 噻嗪酮（扑虱灵）

作用特点：噻嗪酮为噻二嗪类昆虫生长调节剂，对害虫的作用为抑制蜕皮，作用缓慢，不能直接杀死成虫，但能减少产卵和阻止卵孵化。本品为对鞘翅目、部分同翅目以及蜱螨目具有持效性杀幼虫活性的杀虫剂。

制剂：25%噻嗪酮乳油、25%噻嗪酮可湿性粉剂、40%噻嗪酮胶悬剂。

使用方法：防治稻飞虱、叶蝉类，每亩用25%可湿性粉剂20～30克兑水50～75公斤喷雾。

11. 灭蝇胺

作用特点：本药剂具触杀、胃毒及内吸渗透作用，对蝇类等双翅目幼虫有特殊活性，诱使双翅目幼虫和蛹在形态上发生畸变，成虫羽化不全或受抑制。

制剂：10%灭蝇胺悬浮剂，20%、30%、50%、70%灭蝇胺可湿性粉剂，50%灭蝇胺可溶粉剂。

使用方法：灭蝇胺防治黄瓜和菜豆斑潜蝇，持效期在7天以上。在斑潜蝇虫害发生初期，当叶片被害率达5%时进行防治，应掌握在幼虫潜入为害初期效果更好。用10%悬浮剂600～800倍液，或20%可溶性粉剂1000～2000倍液，或30%可溶性粉剂2000～3000倍液，或50%可溶性粉剂、50%可溶粉剂3000～5000倍液，或70%可湿性粉剂5000～7000倍液均匀喷雾。对潜叶蝇有良好防效。

注意事项：本品不能与强酸性物质混合使用。

三、杀螨剂种类及特性

（一）吡唑类

1. 唑螨酯（霸螨灵）

作用特点：为高效、广谱苯氧基吡唑类杀螨剂。对多种害螨有强烈触杀作用，对幼螨活性最高，且持效期长。

制剂：5%唑螨酯乳油、5%唑螨酯悬浮剂。

使用方法：防治各种植食性螨类，使用浓度为20～50毫克/千克。

注意事项：

① 唑螨酯不能与碱性物质混合使用；

② 唑螨酯对鱼有毒，使用时应注意安全。

2. 吡螨胺（必螨立克）

作用特点：是一种昆虫线粒体呼吸抑制剂，对各生长期螨类均有速效和高效，持效期可达40天以上。

制剂：95%吡螨胺原药、10%吡螨胺可湿性粉剂、20%吡螨胺乳油。

使用方法：用10%可湿性粉剂2000～3000倍液防治玫瑰上的苹果全爪螨，柑橘、四季橘上的柑橘全爪螨。

注意事项：

① 操作中做好各项安全防护工作；

② 对鱼类有毒，池塘附近禁用。

（二）有机锡

1. 三唑锡（倍乐霸）

作用特点：三唑锡为触杀性杀螨剂，对植食性螨类的所有活动期虫态都有防效。

制剂：25%三唑锡可湿性粉剂、20%三唑锡悬浮剂。

使用方法：能防治梨、桃、苹果、樱桃、李、葡萄等果树和草莓、芸豆、茄子上的螨类及抗其他杀螨剂的成若螨，25%可湿性粉剂稀释成1000～5000倍液喷雾。

2. 苯丁锡（托尔克）

作用特点：对害螨以触杀为主，对幼螨、若螨、成螨杀伤力强。对有机磷和有机氯农药有抗性的害螨，不产生交互抗性。该药残效期长，可达到2个月。

制剂：50%苯丁锡可湿性粉剂，25%苯丁锡悬浮剂。

使用方法：防治柑橘红蜘蛛、柑橘锈螨、苹果红蜘蛛、山楂红蜘蛛（果树害螨），50%可湿性粉剂2000～3000倍液均匀喷雾，持效期1～2个月；防治茶橙瘿螨、茶短须螨（茶树害螨），在茶叶非采摘期，用50%可湿性粉剂1500

倍液均匀喷雾。

（三）哒嗪酮

哒螨灵（扫螨净）

作用特点：哒螨灵为高效广谱触杀性杀螨剂，对各发育阶段的全爪螨、叶螨、小爪螨和瘿螨均有效。击倒迅速，持效期长达30～60天，与常用杀螨剂无交互抗性。

制剂：15％哒螨灵乳油、20％哒螨灵可湿性粉剂。

使用方法：防治苹果叶螨等，用20％可湿性粉剂3000～4500倍液喷雾。

（四）有机含卤类

溴螨酯（螨代治）

作用特点：溴螨酯是一种杀螨谱广、持效期长、毒性低、触杀性较强、无内吸性的杀螨剂，对成螨、若螨和卵均有一定的杀伤作用。

制剂：40％、50％溴螨酯乳油。

使用方法：用50％乳油1000～1250倍液在花期前后喷药，可防治苹果树害螨等。

（五）酰胺类

噻螨酮（尼索朗）

作用特点：噻螨酮为非内吸性杀螨剂，对螨类的各虫态都有效；速效，持效长；与有机磷无交互抗性。用于果树等作物多种螨类的防治。

制剂：5％噻螨酮乳油、5％噻螨酮可湿性粉剂。

使用方法：5％乳油1500～2000倍稀释液喷雾，对红叶螨、全爪螨幼螨防治效果显著，对锈螨、瘿螨防效较差。

（六）甲脒类

双甲脒（螨克）

作用特点：系广谱杀螨剂，具有多种毒杀机制，其主要是抑制单胺氧化酶的活性，具有触杀、拒食、驱避作用，也有一定的胃毒、熏蒸和内吸作用。对叶螨科各个发育阶段的虫态都有效，但对越冬的卵效果较差，用于防治对其他杀螨剂有抗药性的螨也有效，药后能较长时期地控制害螨数量的回升。

制剂：20％双甲脒乳油。

使用方法：防治苹果叶螨、柑橘红蜘蛛、柑橘锈螨、木虱，用 20％乳油 1000～1500 倍液喷雾。

（七）生物源类

浏阳霉素（杀螨霉素）

作用特点：是从灰色链霉菌分离出的抗生素类杀螨剂，具有良好的触杀作用，对螨类具有特效，对蚜虫也有较高的活性。可用于防治棉花、果树、瓜类、豆类、蔬菜等作物螨类及蚜虫。

制剂：10％浏阳霉素乳油。

使用方法：防治苹果叶螨、山楂叶螨和棉花红蜘蛛用 1000～1500 倍液均匀喷雾。

（八）其他类

1. 炔螨特（克螨特）

作用特点：为广谱有机硫杀螨剂，具有触杀和胃毒作用，对成螨和若螨有特效，杀卵的效果差，对多数天敌安全。

制剂：40％、57％、73％炔螨特乳油。

使用方法：40％、57％、73％乳油防治苹果叶螨、棉花螨类分别用 1500～2000 倍液、2000～2500 倍液、2500～3000 倍液喷雾。

2. 螺螨酯（螨威多）

作用特点：杀螨谱广，通过触杀作用对红蜘蛛、黄蜘蛛、锈壁虱、茶黄螨、朱砂叶螨和二斑叶螨等均有很好防效，可用于柑、葡萄等果树和茄子、辣椒、番茄等茄科作物的螨害治理。此外，对梨木虱、榆蛎盾蚧以及叶蝉类等害虫有很好的兼治效果。

制剂：24％螺螨酯悬浮剂。

使用方法：当红蜘蛛、黄蜘蛛的危害达到防治指标（每叶虫卵数达到 10 粒或每叶若虫达到 3～4 头）时，使用 4000～5000 倍液均匀喷雾，可控制红蜘蛛、黄蜘蛛 50 天左右。

四、杀线虫剂种类及特性

（一）硫代异硫氰酸甲酯类

1. 威百亩（维巴姆）

作用特点：是一种杀菌、杀线虫和除草的土壤熏蒸剂，具有内吸作用，在土中分解成异硫氰酸甲酯，对植物有毒害，使用不当易产生药害。

制剂：35%威百亩水剂。

使用方法：在作物移栽或是播种前20～25天施药，每亩兑水20～30公斤稀释成50～70倍液，浇地，覆膜，闷地10～15天后揭膜，旋耕晾晒5～7天后再进行移栽或播种。

2. 棉隆（必速灭）

作用特点：为广谱杀线虫剂，兼治土壤真菌、地下害虫及杂草，易在土壤及其他基质中扩散，杀线虫作用全面而持久，并能与肥料混用。该药使用范围广，可防治多种线虫，不会在植物体内残留，对鱼有毒，易污染地下水。

制剂：98%棉隆微粒剂。

使用方法：防治线虫时，先进行旋耕整地，浇水保持土壤湿度，每亩用98%微粒剂20～30公斤，进行沟施或撒施，旋耕机旋耕均匀，盖膜密封20天以上，揭开膜敞气15天后播种。

（二）有机磷类

氯唑磷（米乐尔）

作用特点：为杀线虫剂和杀虫剂，抑制胆碱酯酶的活性，干扰线虫、昆虫神经系统的协调作用而导致其死亡。

制剂：3%氯唑磷颗粒剂。

使用方法：防治水稻害虫，亩用3%颗粒剂1～1.5公斤，拌细土15公斤，撒施，可有效地防治稻瘿蚊、稻飞虱、三化螟；防治花生线虫，亩用3%颗粒剂4～6公斤，在点播花生时进行沟施。禁止在蔬菜、瓜果、茶叶、中草药材上使用。

（三）生物源杀线虫剂

1. 淡紫拟青霉菌

作用特点：该药入土后，孢子萌发长出很多菌丝，菌丝碰到线虫的卵，分泌几丁质酶，从而破坏卵壳的几丁质层，菌丝得以穿透卵壳，以卵内物质为养料大量繁殖，使卵内的细胞和早期胚胎受到破坏，不能孵出幼虫。

制剂：2 亿个孢子/克淡紫拟青霉菌粉剂。

使用方法：每公顷 22.5～30 公斤粉剂穴施。

注意事项：

① 本剂不能与杀菌剂混用；

② 拌过药剂的种子应及时播入土中，不能在阳光下暴晒；

③ 施用时不宜与水或含水高的湿土混合。

2. 厚孢轮枝菌

作用特点：施入土壤后迅速萌发繁殖，捕杀线虫并抑制线虫卵的繁殖，对烟草、蔬菜根结线虫有很好的防治效果，对其他作物线虫危害有较好防效；同时该产品施用后对各种地下害虫有趋避作用。

制剂：2.5 亿个孢子/克厚孢轮枝菌微粒剂。

使用方法：每公顷 22.5～30 公斤微粒剂穴施。

五、除草剂种类及特性

（一）酰胺类

1. 乙草胺（禾耐斯）

作用特点：为选择性内吸封闭型土壤处理剂，单子叶杂草主要通过胚芽鞘吸收，双子叶杂草主要通过下胚轴吸收，种子和根也可吸收传导，但吸收的量较少，传导速度也较慢。土壤湿润时，杂草出土前即被杀死；若土壤较干燥，则对杂草的防效降低。杂草三叶期前对乙草胺敏感，随着杂草叶龄增加，乙草胺的防效下降。

制剂：50％、90％、99％乙草胺乳油。

适用范围：大豆、花生、玉米、油菜、甘蔗、棉花、马铃薯、白菜、萝卜、甘蓝、花椰菜、番茄、辣椒、茄子、芹菜、胡萝卜、莴苣、豆科蔬菜、果园等。

防除对象：一年生禾本科杂草，如马唐、牛筋草、狗尾草、稗草、看麦娘、早熟禾、野燕麦、千金子、硬草、棒头草；小粒种子的阔叶杂草，如反枝苋、藜、酸模叶蓼、萹蓄、铁苋菜等。

使用方法：大豆田，播后苗前，每亩用 90％乳油 90～120 毫升，沙质土壤、水分条件好的土壤用低剂量，反之用较高剂量，土壤有机质含量高于 6％

时，可用120～150毫升；玉米田，播后苗前，每亩用90%乳油80～100毫升。也可将90%乙草胺50毫升和38%莠去津100～200毫升混合使用。

注意事项：

① 乙草胺为封闭性除草剂，适宜使用的条件为雨后或浇过不久较湿的地面；干旱及地表面有较多砂石块及裂缝会影响除草剂的药效。

② 大豆对使用乙草胺的时机有一定要求，一旦大豆子叶露出地表即不可再喷施乙草胺，否则会产生药害；花生相对来说要求不太严格，子叶出土后仍可使用；玉米适宜的施药期较宽，自玉米播后至3叶期前均可施用，3叶期以上的玉米田施用乙草胺时，喷雾器的喷头应尽量放低，减少玉米植株与药液的接触。

③ 对3叶期以前的杂草，乙草胺仍然有效，杂草较大时，乙草胺药效不理想。

2. 甲草胺（拉索）

作用特点：为选择性内吸封闭型芽前处理剂，可被植物幼芽吸收（单子叶植物为胚芽鞘，双子叶植物为下胚轴），在植物体内传导，通过种子和根吸收的较少，传导速度也较慢。水分适宜的条件下，杂草萌发后出土前即死亡；土壤干燥时，杂草能够出土，若遇雨或浇地，甲草胺作用能较好地发挥，杂草在短时间内死亡。

制剂：48%甲草胺乳油。

适用范围：大豆、玉米、花生、番茄、茄子、辣椒、豆科蔬菜、胡萝卜、棉花等。

防除对象：一年生禾本科杂草，如马唐、牛筋草、稗草、狗尾草、看麦娘、早熟禾、千金子、画眉草等；莎草科杂草，如碎米莎草、异型莎草；阔叶杂草，如荠菜、酸模叶蓼、反枝苋、藜、龙葵、马齿苋、繁缕等。

使用方法：大豆田，播后苗前，每亩用药量275～350毫升；花生田，播后苗前，华北地区每亩用250～300毫升，覆膜地块每亩用150～200毫升。

注意事项：甲草胺对已出土的杂草无效，应掌握在杂草种子萌动但未出土前施用。

3. 异丙草胺

作用特点：为选择性内吸传导型芽前处理剂，主要通过杂草幼芽吸收，破坏蛋白质的合成而致杂草死亡。土壤水分适宜的条件下，杂草在出土前被杀死；土壤较为干燥时，出土的杂草在出现降雨或浇地后，短期内死亡。

制剂：50%、72%异丙草胺乳油。

适用范围：大豆、玉米、向日葵、马铃薯、甜菜等。

防除对象：一年生禾本科杂草，如牛筋草、马唐、稗草、狗尾草等；阔叶杂草，如马齿苋、反枝苋、藜、苘麻、龙葵等。

使用方法：大豆田，播后苗前，东北地区每亩用72%乳油100～150毫升，其他地区用67～100毫升；玉米田，播后苗前，东北地区每亩用72%乳油133～167毫升，其他地区用100～133毫升。

4. 异丙甲草胺（都尔）

作用特点：为选择性内吸传导型芽前处理剂，禾本科杂草通过幼芽的胚芽鞘吸收药剂后，蛋白质的合成被抑制而死亡。对双子叶杂草的防效较差。

制剂：50%、72%异丙甲草胺乳油。

适用范围：玉米、大豆、花生、高粱、棉花、油菜、甜菜、甘蔗等。

防除对象：禾本科杂草，如马唐、狗尾草、稗草；阔叶杂草，如马齿苋、苋菜、藜、蓼、荠菜等。

使用方法：玉米、大豆田，播后苗前，土壤有机质含量低于3%时，沙质土每亩用72%乳油100毫升，壤土用140毫升，黏土用185毫升；土壤有机质含量高于3%时，沙质土用140毫升，壤土用185毫升，黏土用230毫升。油菜田，移栽前，每亩用72%乳油100～150毫升。马铃薯、甜菜田，播后苗前，每亩用72%乳油100～230毫升。实芹、韭菜、大蒜田，播后苗前，每亩用72%乳油100～125毫升。

注意事项：

① 异丙甲草胺防治禾本科杂草效果较好，如要防除阔叶杂草，扩大杀草谱，可与其他除草剂混用；

② 有些以小粒种子繁殖的一年生蔬菜，如香菜、西芹等对都尔敏感，不宜使用。

5. 精异丙甲草胺（金都尔）

作用特点：杀草谱及杀草机理与异丙甲草胺相同，但杀草活性优于异丙甲草胺。

制剂：96%精异丙甲草胺乳油。

适用范围：同异丙甲草胺。

防除对象：牛筋草、狗尾草、稗草、早熟禾、野黍、画眉草、虎尾草、鸭跖草、荠菜、香薷、马齿苋、萹蓄、酸模叶蓼、反枝苋、藜、小藜、宝盖草等。

使用方法：大豆、玉米田，播后苗前，土壤有机质含量小于3%时，每亩沙质土用96%乳油50～60毫升，壤土用70～80毫升，黏土用100毫升；土壤有机质含量大于3%时，沙质土用70毫升，壤土用100毫升，黏土用120～150毫升。油菜田，播后苗前及移栽前，每亩使用96%精异丙甲草胺乳油50～80毫升。马铃薯、甜菜田，每亩用96%乳油50～115毫升。实芹、韭菜、大蒜田，播后苗前，每亩用96%乳油50～60毫升。

注意事项：

① 精异丙甲草胺为封闭性除草剂，施用前的地面应湿润，无明显缝隙，若土壤较干燥，在不增加用药量的前提下，应增加兑水量，将地面均匀喷雾；

② 以小粒种子繁殖的蔬菜，如苋菜、香菜、西芹等对精异丙甲草胺敏感，不宜使用。

6. 丙草胺（瑞飞特、扫弗特）

作用特点：丙草胺为选择性内吸传导型除草剂，不影响杂草种子发芽，但杂草种子一旦萌发，丙草胺即发挥作用，主要经中胚轴、下胚轴和胚芽鞘进入杂草植株内，根部吸收较少。萌发不久的杂草幼苗中毒后，初生叶不能出土或从芽鞘侧面伸出，扭曲不能正常伸展，生长发育停止，并且丙草胺间接地影响杂草的光合作用和呼吸作用，使杂草最终死亡。2～3周后的水稻秧苗具有将体内的丙草胺迅速分解为无活性物质的能力，但幼芽状态的水稻这种能力较弱，无法解毒。丙草胺加入安全剂CGA123407后，对水稻幼苗的保护作用明显增强，但不保护其他的禾本科植物。

制剂：30%、50%丙草胺乳油。

适用范围：水稻。

防除对象：稗草（1.5叶期前）、千金子等一年生禾本科杂草，兼防治部分一年生阔叶杂草和莎草科杂草，如鳢肠、陌上草、鸭舌草、节节菜、丁香蓼、碎米莎草、异型莎草、牛毛毡、四叶萍、尖瓣花等。

使用方法：

① 丙草胺不加安全剂。丙草胺为杂草芽前和苗后早期除草剂，可用于移栽稻田和抛秧稻田，杂草1.5叶期前药效显著，1.5叶期后的杂草抗药性显著增强。北方稻区用药量为每亩施用50%乳油60～80毫升，有机质含量低时用60～70毫升，有机质含量高时用70～80毫升。

② 丙草胺加安全剂。安全剂主要通过根吸收，所以直播田和育秧田播种前必须催芽，播后1～4天内施药。育秧田每亩施用30%乳油75～100毫升，

直播田每亩施用30%乳油100～115毫升。加安全剂的丙草胺同样可应用于移栽田和抛秧田。

注意事项：

① 北方稻区水稻播种时气温较低，早期长势缓慢，使用丙草胺时应先做小面积的试验，掌握适应本地的使用方法然后再推广；

② 渗漏性强的稻田不宜使用丙草胺，因为渗漏会使药剂过多集中在根部，易对水稻产生轻度药害。

7. 苯噻酰草胺（苯噻草胺）

作用特点：苯噻酰草胺为选择性内吸除草剂，用于防治萌芽期和苗后早期的杂草，以毒土法施药后，药剂被吸附于土表1厘米以内形成药土层，对生长点处于土壤表层的稗草杀伤力很强，对由种子繁殖的多年生杂草也有抑制作用。

制剂：50%苯噻酰草胺可湿性粉剂。

适用范围：水稻（移栽田、抛秧田、直播田）。

防除对象：主要防治禾本科杂草，对稗草有特效，同时可防除牛毛毡、瓜皮草、泽泻、眼子菜、鸭舌草、节节草、萤蔺、异型莎草、扁穗莎草和多年生莎草科杂草。

使用方法：水稻移栽后5～7天，稗草1叶1心前，每亩施用50%可湿性粉剂60～80克（北方），拌细土撒施，施药前整平稻田面，施药时及施药后保持3～5厘米的水层5～7天。

注意事项：

① 抛秧田应在稻苗扎根活棵后用药；

② 稗草叶龄小时用推荐药量的下限，稗草叶龄大时用推荐药量的上限。

8. 敌稗（斯达姆）

作用特点：为选择性触杀型茎叶处理除草剂，能够破坏杂草细胞膜的透性，使杂草茎、叶失水干枯而死，同时对杂草的光合及呼吸都产生抑制作用，使2叶期前的稗草迅速死亡。水稻等抗性作物体内含有酰胺水解酶，可将其降解为无活性物质。接触土壤后很快分解失效，只能作为茎叶处理剂，无封闭效果。

制剂：20%敌稗乳油。

适用范围：水稻、旱稻、马铃薯、番茄、茄子、甘薯。

防除对象：稗、鸭舌草、水芹、水马齿、看麦娘、马唐、反枝苋、酸模叶蓼。

使用方法：稗草 1.5～2 叶期为适宜用药时期，每亩用 20%乳油 150～200 克，施药前 1 天排干稻田中的水。

注意事项：施药时气温不宜超过 28℃，否则易对水稻产生药害。

9. 丁草胺（马歇特）

作用特点：为选择性内吸传导型芽前处理剂，可被杂草的幼芽及幼小的次生根吸收，受害的杂草幼株表现为肿大、畸形、色深绿，最后死亡。

制剂：69%丁草胺乳油、5%丁草胺颗粒剂。

适用范围：水稻（移栽田、育秧田）、小麦。

防除对象：防除以种子萌发的禾本科杂草、一年生莎草科及部分一年生阔叶杂草，如稗草、千金子、异型莎草、碎米莎草、牛毛毡等。对鸭舌草、节节草、尖瓣花和萤蔺等防效较好。对多年生杂草，如水三棱、扁秆藨草、野慈姑等无明显防效。

使用方法：移栽水稻田，北方移栽水稻于插秧后 5～7 天，每亩用 69%乳油 100～150 毫升，喷雾或毒土法施药，施药时田间保持浅水层 3～5 厘米，保水 3～5 天；水稻育秧田，播前 3～5 天，田间保持浅水层，每亩用 69%乳油 75～100 毫升，兑水喷雾，待田间水自然落干后，耘平，播入催芽的稻种。水稻苗后施药，可于秧苗 1 叶 1 心至 2 叶期，稗草 2 叶期前，每亩用 69%乳油 60～80 毫升，喷雾或毒土法施药，保持浅水层 3～4 天，水层不能浸没稻苗心叶，以免产生药害。

注意事项：丁草胺对 3 叶期以上的稗草防效较差，应掌握适宜的用药时期。

（二）三氮苯类

1. 莠去津（阿特拉津）

作用特点：莠去津为选择性内吸传导型除草剂，在杂草苗前苗后均可使用，药剂主要被杂草根部吸收，少部分被茎叶吸收，在杂草体内传导迅速，积累于叶内及分生组织内，干扰破坏光合作用，使杂草死亡。玉米等抗性植物能将莠去津分解为无毒物质。莠去津常与酰胺类除草剂混合使用。

制剂：38%莠去津悬浮剂，48%、50%、80%莠去津可湿性粉剂，90%莠去津水分散粒剂。

适用范围：玉米、甘蔗、高粱、谷子、果园、苗圃、林地。

防除对象：马唐、狗尾草、稗草、早熟禾、看麦娘、苋菜、铁苋菜、苍耳、苘麻、龙葵、酸浆、马齿苋、繁缕、牛繁缕、千里光、宝盖草、田芥、酸模叶蓼、藜等。

使用方法：玉米、高粱、甘蔗、谷子等禾本科作物于播后苗前，每亩用38%悬浮剂150～200毫升，东北地区每亩玉米田用200～250毫升。苗后使用时，玉米3～4叶期，杂草2～4叶期，每亩用38%悬浮剂200～250毫升，兑水喷雾，尽量将喷头压低，减少玉米苗接触药液。果园、苗圃及林地用药可在杂草萌动时，每亩用38%悬浮剂200～350毫升喷地表。

注意事项：桃树对莠去津较敏感，慎用。

2. 扑草净（割草佳）

作用特点：扑草净为选择性内吸传导型除草剂，被杂草的根、茎、叶吸收，抑制杂草的光合作用，杂草的叶绿素被破坏，植株叶片失绿而死亡。抗性植物通过水解和氧化反应使体内的扑草净分解为无毒化合物。

制剂：25%、40%、50%、80%扑草净可湿性粉剂，50%扑草净悬浮剂。

适用范围：水稻、棉花、大豆、花生、小麦、向日葵、马铃薯、蔬菜、果树。

防除对象：鸭舌草、眼子菜、马唐、狗尾草、稗草、牛筋草、看麦娘、千金子、早熟禾、画眉草、匍匐剪股颖、牛毛毡、野慈姑、四叶萍、藻类、藜、反枝苋、凹头苋、酸模叶蓼、柳叶刺蓼、繁缕、荠菜、苘麻、鼬瓣花、野芝麻、水苏、假酸浆、龙葵、婆婆纳、豚草、鬼针、苍耳、辣子草、苣荬菜、千里光、车前等。

使用方法：北方稻田防除眼子菜可于移栽后20～25天施药，此时眼子菜由红变绿，每亩用50%可湿性粉剂70～100克；大豆田播后苗前，每亩用50%可湿性粉剂100克；胡萝卜、芹菜、大蒜、洋葱播前、播后苗前或苗后1～2叶期，每亩用50%可湿性粉剂100克；果园一年生杂草萌发高峰期，每亩用50%可湿性粉剂250～300克。

注意事项：严格掌握用药量及用药时间，沙质土勿用扑草净，以免产生药害。

3. 西草净

作用特点：西草净是内吸选择性除草剂，可通过杂草的根、茎、叶吸收，破坏光合作用中的电子传递过程，杂草先是在叶尖及叶边缘失绿，继而扩展至整个叶片，整株杂草死亡。

制剂：25%、50%西草净可湿性粉剂。

适用范围：水稻、麦类、大豆、玉米、花生。

防除对象：眼子菜、稗草、马唐、狗尾草、鸭舌草、野慈姑、看麦娘、千金子、早熟禾、画眉草、牛毛毡、凹头苋、反枝苋、酸模叶蓼、繁缕、荠菜、苘麻、野芝麻、龙葵、婆婆纳、豚草、苍耳、三棱草等。

使用方法：水稻移栽后至分蘖期，直播田在分蘖后期，每亩用25%可湿性粉剂100～300克，拌细土撒施，施药后应保持2～5厘米深的水层7天。为增加药效，可以与杀草丹混用。东北地区和内蒙古东部，在6月上旬至7月下旬，每亩用25%可湿性粉剂200～250克。旱田作物播后苗前，每亩用25%可湿性粉剂150～300克，兑水喷雾。温度较高、土壤湿润时，使用较低剂量，反之使用较高剂量。

注意事项：施药时温度不能超过30℃，否则易产生药害，所以主要在北方应用。

4. 嗪草酮（赛克）

作用特点：嗪草酮为内吸选择性除草剂，主要由杂草根部吸收传至地上部分，也可由茎叶吸收在杂草体内进行有限传导，对杂草种子的萌发无影响，破坏杂草的光合作用，杂草叶片出现失绿、变黄、火烧状等现象，由于营养枯竭导致杂草死亡。

制剂：50%、70%嗪草酮可湿性粉剂，75%嗪草酮干悬浮剂。

适用范围：大豆、玉米、马铃薯、番茄、苜蓿等。

防除对象：主要防除一年生的阔叶杂草和部分禾本科杂草，对多年生杂草防效不理想。其杀草谱与用药剂量有关，苗前每亩用23克（有效用量），可防除早熟禾、看麦娘、反枝苋、鬼针草、狼把草、荠菜、矢车菊、藜、小藜、野芝麻、柳穿鱼、锦葵、萹蓄、酸模叶蓼、春蓼、红蓼、野芥菜、马齿苋、繁缕、遏蓝菜等；苗前每亩用35克（有效用量），可防治马唐、铁苋菜、刺苋、绿苋、三色堇、水棘针、香薷、曼陀罗、鼬瓣花、独行菜、柳叶刺蓼、苣荬菜等；苗前每亩用47克（有效用量），可防除鸭跖草、狗尾草、稗草、苘麻、卷茎蓼、苍耳等。

使用方法：大豆播前或播后，苗前，每亩使用70%可湿性粉剂50～75克（东北），兑水喷雾；马铃薯、番茄播后，苗前及番茄移栽后2周内，沙质土每亩用70%可湿性粉剂25～35克，壤土用35～50克，黏土用50～75克；玉米播后苗前，有机质大于2%、pH值小于7的地块，每亩用70%可湿性粉剂27～33克。常与甲草胺、乙草胺、异丙草胺、异丙甲草胺、莠去津等混用。

注意事项：在用药量过大或田间低洼积水、病虫害发生情况下，大豆田使用嗪草酮易产生药害。

（三）磺酰脲类

1. 苯磺隆（巨星）

作用特点：苯磺隆为内吸传导型除草剂，通过杂草的茎、叶、根吸收并在体内传导，施药后杂草很快停止生长，后新叶出现黄化，约2～3周杂草死亡，温度较高、药剂量较大的情况下，杂草死亡速度较快。

制剂：10%、20%苯磺隆可湿性粉剂，75%苯磺隆水分散粒剂，75%苯磺隆干悬浮剂。

适用范围：小麦、大麦。

防除对象：主要防除麦田一年生及越年生阔叶杂草，如荠菜、麦蒿、繁缕、宝盖草、婆婆纳、麦瓶草、猪殃殃、地肤、泥胡菜、大巢菜、藜等。

使用方法：麦类作物2叶期至拔节期均可使用，冬小麦区以秋季使用效果最好，此时杂草植株较小，抗药性差，每亩用10%可湿性粉剂10克，或75%水分散粒剂1克，春季使用时，已过分蘖，麦苗较为稠密，杂草也已较大，用药量应增加0.5～1倍。猪殃殃对苯磺隆抗药性较强，应加大药量。苯磺隆对麦家公、刺儿菜及旋花科等多年生杂草效果不理想。

注意事项：

① 苯磺隆虽为茎叶处理剂，但由于其持效期可长达60天，且麦田杂草多为越年生，80%以上杂草在冬季前萌发出土，所以麦田化学除草应尽可能在秋季用药；

② 苯磺隆对多数1年生双子叶植物有杀伤作用，若后茬种植花生、大豆、西甜瓜等双子叶作物，则苯磺隆的施药时间不能过晚，以免对后茬双子叶作物的生长产生不利影响；

③ 对麦棉间作的地块，应选择无风的天气施药，并尽可能压低喷头，以减轻对棉花生长的影响。

2. 噻吩磺隆（阔叶散）

作用特点：杂草接触噻吩磺隆十几小时后即受害，虽然仍保持绿色，但生长已经停止，后逐渐表现出新叶失绿黄化，其他叶片呈暗红色，植株萎缩，约1～3周死亡。用药剂量加大会加快杂草死亡速度。持效期约30天。

制剂：10%、75%噻吩磺隆可湿性粉剂，75%噻吩磺隆干悬浮剂，75%噻吩磺隆水分散粒剂。

适用范围：小麦、大麦、大豆、玉米。

防除对象：防除一年生阔叶杂草，如麦蒿、荠菜、猪殃殃、麦瓶草、繁缕、牛繁缕、宝盖草、酸模叶蓼、藜、鸭跖草（3叶前）、麦家公、婆婆纳等。

使用方法：于小麦、大麦二叶期至早穗期亩用10%可湿性粉剂15～25克或75%可湿性粉剂（干悬浮剂）2～2.7克，兑水30～40公斤，喷洒茎叶。

注意事项：

① 噻吩磺隆的安全性较好，适当增加用药量时，对小麦无副作用，且对小麦的后茬作物无影响；

② 猪殃殃的抗药性比荠菜、麦蒿等杂草要强，所以，若猪殃殃为优势杂草时，可考虑增加用药量；

③ 若同时防除麦田的阔叶杂草及禾本科杂草，可将噻吩磺隆与骠马或世玛混用。

3. 苄嘧磺隆（农得时、威农）

作用特点：苄嘧磺隆在水中迅速扩散，通过杂草的根、茎、叶吸收，并在体内传导，阻止细胞的分裂和生长，导致杂草心叶黄化，根、芽生长点逐渐坏死而死亡。苄嘧磺隆进入水稻、小麦体内后，很快被分解成无毒物质，所以对水稻、小麦安全。

制剂：10%、32%、35%苄嘧磺隆可湿性粉剂。

适用范围：水稻、小麦。

防除对象：雨久花、野慈姑、慈姑、眼子菜、泽泻、陌上菜、花蔺、萤蔺、莎草、碎米莎草、异型莎草、田叶萍、水马齿、荠菜、麦蒿、宝盖草、猪殃殃、麦瓶草、婆婆纳等。

使用方法：水稻直播田，播前至播后20天内均可施药，以早期用药防效较好，防除一年生阔叶杂草及莎草时，每亩用10%的可湿性粉剂20～30克或32%的可湿性粉剂10克，兑水30公斤喷雾或混细土20公斤撒施，应保持5～7天的时间有3～5厘米深的水层；移栽田，移栽前至移栽后20天内均可施药，移栽后7天内施药最为适宜，用药量、施药方法及田间持水情况与直播田相同。为增加对多年生杂草及稗草的防效，10%可湿性粉剂的用药量可增至30～50克。

4. 吡嘧磺隆（草克星）

作用特点：为高活性内吸选择性除草剂，可被杂草的根、茎、叶吸收并在体内传导，杂草的根和芽的生长很快停止，然后杂草整株死亡。有时施药后杂草植株仍呈绿色，但是其生长发育已经受到抑制，失去与水稻的光竞争能力。

制剂：7.5%、10%、20%吡嘧磺隆可湿性粉剂。

适用范围：水稻直播田、移栽田、抛秧田。

防除对象：稗草、稻李氏禾、牛毛毡、水莎草、异型莎草、雨久花、窄叶泽泻、泽泻、鸭舌草、矮慈姑、野慈姑、萤蔺、眼子菜、紫萍、狼把草、浮生水马齿、母草、轮藻、小茨藻、鳢肠、三蕊沟繁缕、节节菜、水芹。此外，北方二次施药对防除藨草有较好的效果。

使用方法：

① 移栽田。水稻移栽前到移栽后 20 天的时间均可施药，若防治稗草，应在稗草 1.5 叶期前施药，并用较高剂量，插秧后 5～7 天，稗草 1.5 叶期前施药，每亩用 10%可湿性粉剂 10～20 克，拌细土撒施，施药后应保持 3～5 厘米深的水层 5～7 天，水不足时可缓慢补水，但不可排水。

② 直播田。在播种催芽后 5～6 天，每亩用 10%可湿性粉剂 10～15 克，然后于晒田灌水后 3～5 天，每亩再用 10%可湿性粉剂 10～15 克；也可于晒田灌水后 1～3 天，每亩用 10%可湿性粉剂 10～15 克，间隔 10～20 天，每亩再用 10%吡嘧磺隆可湿性粉剂 10～15 克。

③ 多年生莎草科杂草的防除。藨草是较难防除的莎草科杂草，防治最佳时期在其刚出土到株高 7 厘米之前，防治过晚则只能短暂控制其生长，10～15 天即可恢复生长，且仍能开花结果。采用二次施药法可获得较好的防效。

注意事项：吡嘧磺隆易对阔叶作物产生药害，施药时应注意药液雾滴飘移问题，还应注意稻田的排水不要影响附近阔叶作物的生长。

5. 烟嘧磺隆（玉农乐）

作用特点：内吸传导型除草剂，杂草可通过叶、茎、根吸收，并在体内迅速传导，造成心叶黄化、失绿、白化，其他叶片由上到下依次变黄，一般施药后 3～4 天可见到杂草受害症状，20～25 天杂草死亡。进入玉米植株内的烟嘧磺隆能被迅速分解代谢为无活性物质，所以对玉米是安全的。通常作为茎、叶处理剂使用，同时也具有一定的封闭效果。

制剂：4%烟嘧磺隆悬浮剂、80%烟嘧磺隆可湿性粉剂。

适用范围：玉米。

防除对象：马唐、牛筋草、狗尾草、稗草、野燕麦、马齿苋、酸模叶蓼、卷茎蓼、反枝苋、龙葵、香薷、荠菜、苍耳、苘麻、问荆、刺儿菜、大蓟、苣荬菜。

使用方法：施药适期为玉米 3～5 叶期，一年生杂草 2～4 叶期，多年生杂草 6 叶期之前。东北春玉米区每亩使用 4%的悬浮剂 100 毫升，兑水 45 公斤喷雾。

注意事项：

① 不同类型玉米对烟嘧磺隆的敏感性不同，其安全性顺序为：马齿型＞硬质型＞爆裂玉米＞甜玉米，爆裂玉米、甜玉米及糯玉米对烟嘧磺隆非常敏感，勿用；

② 无论土壤干湿，烟嘧磺隆均能发挥较好的除草效果，但土壤湿润情况下，其封闭性更好，持效期更长；

③ 有机磷农药与本药的使用间隔期应在 7 天以上，否则易产生药害；

④ 菊酯类农药较为安全，可与本剂混合使用。

6. 甲基二磺隆（世玛）

作用特点：甲基二磺隆为苗后选择性内吸传导型除草剂，主要通过杂草的茎叶吸收，从而导致杂草死亡，能防除几乎所有的禾本科杂草，并对部分阔叶杂草有效。甲基二磺隆与安全剂同时使用，安全剂可促使甲基二磺隆在小麦植株内迅速降解为无活性物质，所以对小麦安全。

制剂：3%甲基二磺隆油悬浮剂。

适用范围：小麦。

防除对象：野燕麦、早熟禾、看麦娘、雀麦、硬草、罔草、蜡烛草、荠菜、麦蒿、牛繁缕等。

使用方法：小麦苗后 3～6 叶期，禾本科杂草 2.5～5 叶期施药，以秋季用药防效较好，每亩用药 25～30 毫升，同时使用安全剂（伴宝）60～90 毫升。

注意事项：

① 对小麦的某些品种有抑制生长作用，合理用药情况下，小麦返青起身后抑制作用消失，起到蹲苗增产的效果；

② 对干旱、水涝、冻害、盐害及病虫害等造成的弱苗小麦田，应避免使用本除草剂；

③ 甲基二磺隆最好在冬前使用，小麦生育期内只用一次，使用时间最迟不能晚于小麦拔节期。

7. 啶嘧磺隆

作用特点：内吸选择性处理剂，主要通过杂草茎叶吸收，传导至根、茎代谢及生长旺盛的尖端，约 4～5 天心叶失绿枯死，杂草整株死亡约需 20～30 天。

制剂：25%啶嘧磺隆水分散粒剂。

适用范围：结缕草、狗牙根类、暖季型草坪。

防除对象：看麦娘、早熟禾、狗尾草、马唐、荠菜、繁缕、反枝苋、马齿苋、大巢菜、麦瓶草、飞蓬、黄花酢浆草、碎米莎草、香附子。

使用方法：草坪休眠或生长季节均可使用，以杂草3～4叶期防效最好，每亩使用25%水分散粒剂10～20克，兑水30公斤均匀喷雾。

注意事项：高温多雨季节使用时，可能草坪新叶及节部出现失绿状轻微药害，但短时间内即可恢复。

8. 环丙嘧磺隆（金秋）

作用特点：环丙嘧磺隆为选择性内吸传导型除草剂，能被杂草根和叶吸收，在体内迅速传导，对细胞分裂和生长产生抑制作用，敏感杂草吸收药剂后，根、幼芽生长很快停止，幼嫩组织发黄，然后枯死。杂草接触药剂后到死亡有一段时间，通常一年生杂草为5～15天，多年生杂草时间会长些。有时施药后杂草仍为绿色，多年生杂草不死，其实杂草此时已经停止生长，失去了与作物竞争的能力。

制剂：10%环丙嘧磺隆可湿性粉剂。

适用范围：水稻。

防除对象：雨久花、眼子菜、鸭舌草、节节菜、毋草、泽泻、慈姑、陌上菜、尖瓣花、野慈姑、狼把草、异型莎草、莎草、牛毛毡、碎米莎草、萤蔺、水绵、小茨藻。

使用方法：东北、西北水稻移栽田，插后7～15天，每亩用10%可湿性粉剂15～20克。

注意事项：

① 草害发生较重时，可使用高剂量；稗草及多年生杂草或莎草为主要杂草时使用高剂量。

② 无论是移栽稻还是直播稻，保持水层有利于药效的正常发挥，一般应在施药后保持3～5厘米的水层5～7天。

9. 乙氧磺隆（太阳星）

作用特点：选择性内吸传导型除草剂，为乙酰乳酸合成酶抑制剂，通过杂草的根、茎、叶吸收，并在体内传导，使细胞分裂及生长不正常，分生组织被破坏，根、茎生长点的生长停滞，最后导致杂草死亡。

制剂：15%乙氧磺隆水分散粒剂。

适用范围：水稻秧田、插秧田、直播田。

防除对象：一年生阔叶杂草、莎草科及藻类，如水绵、青苔、鸭舌草、雨久花、野荸荠、眼子菜、泽泻、鳢肠、矮慈姑、长瓣慈姑、狼把草、鬼针、丁香蓼、节节菜、耳叶水苋、水苋菜、小茨藻、苦草、谷精草。

使用方法：东北地区水稻移栽后7～10天，播种后10～15天，每亩施用15%水分散粒剂10～15克。为增强药效及扩大杀草谱，乙氧磺隆可以与丁草胺、禾草特、二氯喹啉酸等混用。采用毒土法施药时，每亩用细沙15公斤，拌匀后均匀撒施，施药后保持3～5厘米的水层7～10天。采用喷雾时，施药前放浅水层，使杂草露出水面，施药2天后，恢复常规水层管理。

注意事项：

① 施药后10天内不要使稻田水外流，也不可使水面淹没心叶；

② 防除多年生杂草及大叶龄杂草时可用推荐的上限药量。

（四）二苯醚类

1. 乳氟禾草灵（克阔乐）

作用特点：乳氟禾草灵为选择性茎叶处理除草剂，药液经杂草的茎、叶吸收，在杂草体内进行有限的传导，使杂草干枯死亡。在温度适宜、光照充足的情况下，施药2～3天后，敏感阔叶杂草的叶面出现灼伤斑块，并逐渐扩大至整片叶干枯，最后杂草整株死亡。

制剂：24%乳氟禾草灵乳油。

适用范围：大豆、花生。

防除对象：苍耳、苘麻、马齿苋、凹头苋、铁苋菜、龙葵、野西瓜苗、鬼针、地肤、荠菜、藜、小藜、鸭跖草、地锦、酸模叶蓼、卷茎蓼、豚草、田芥菜等一年生阔叶杂草，对多年生阔叶杂草，如苣荬菜、刺儿菜、大蓟有较强的抑制作用。在干旱条件下对苘麻、蓼、苍耳的效果不理想。

使用方法：大豆田大豆苗后1.5～2片复叶，阔叶杂草2～4片叶时，每亩使用24%乳油30～35毫升，兑水30～45公斤茎叶喷雾。

注意事项：

① 施药后，大豆叶片可能出现灼伤状斑点或黄化现象，这是暂时的接触性药斑，不影响大豆新叶生长，约2～3周后大豆即可恢复正常，对产量无影响。

② 乳氟禾草灵对生长旺盛的4叶期前的阔叶杂草活性高，杂草较大时则除草剂防效降低。

③ 温度过低、持续干旱影响药效的发挥。阴雨天、积水、作物遭受病虫

害时易产生药害。

2. 乙氧氟草醚（果尔、割地草）

作用特点：乙氧氟草醚为触杀型除草剂，在有光条件下发挥杀草作用，其在土壤中半衰期为30天左右，主要经杂草的胚芽鞘中胚轴进入体内，通过根吸收的量很少，适宜用药时期为杂草苗前及苗后早期。

制剂：24%乙氧氟草醚乳油。

适用范围：水稻、大豆、棉花、花生、玉米、大蒜、洋葱、移栽大葱、果园、经济林等。

防除对象：多种阔叶杂草、禾本科及莎草科杂草。水田主要用于防除稗草、碎米莎草、异型莎草、鸭舌草、节节菜、牛毛毡、泽泻、半边莲、千金子、水苋菜、三蕊沟繁缕；对水绵、水芹、萤蔺、矮慈姑、尖瓣花有较好的防效。旱田主要用于防除苍耳、马齿苋、龙葵、苘麻、藜、田菁、曼陀罗、酸模叶蓼、柳叶刺蓼、凹头苋、反枝苋、繁缕、辣子草、荨麻、龙葵、看麦娘、一年生苦苣菜。

使用方法：移栽稻田秧龄30天以上，苗高超过20厘米，于移栽后4～6天施药，每亩用24%乳油13～25毫升，加水200～500毫升配成母液，拌细土撒施，保持3～5厘米的水层5～7天，遇大雨应及时排水，水层不能淹没稻苗，以免产生药害。

大豆、花生、玉米田作物播后苗前，每亩用24%乳油40～50毫升，兑水将药液喷施于地表。

大蒜田播后至立针期或大蒜苗后2叶1心期以后，每亩用24%乳油48～72毫升喷雾，应避开1叶1心期。沙质土用较低剂量，壤质土及黏土用较高剂量，地膜覆盖栽培减少1/3的药量。

直播洋葱2～3叶期，每亩用24%乳油40～50毫升；移栽洋葱于移栽后6～10天，每亩用24%乳油70～100毫升，兑水喷雾。

移栽大葱于大葱移栽后，每亩用24%乳油40～50毫升，兑水喷雾。

果园、林地杂草萌发前后至4～5叶期，每亩用24%乳油40～60毫升，兑水30公斤喷雾。

注意事项：大葱幼苗对乙氧氟草醚敏感，勿用。乙氧氟草醚无内吸传导性，施药时应均匀喷雾。

3. 乙羧氟草醚

作用特点：为原卟啉氧化酶抑制剂，被杂草吸收后，在有光照条件下发挥药效，破坏细胞膜，使细胞内含物渗漏，导致杂草死亡。无内吸传导性，杂草自受药至死约需2～4天。

制剂：10%乙羧氟草醚乳油。

适用范围：大豆、花生、小麦、大麦、水稻。

防除对象：荠菜、麦蒿、猪殃殃、婆婆纳、苍耳等。

使用方法：大豆2～3片复叶期，小麦2叶至拔节期，对刚萌发至5叶期前的杂草防除效果较好，每亩使用10%乳油40～60毫升，兑水喷雾。

注意事项：为扩大杀草谱及增强药效，乙羧氟草醚多做成混剂使用。

4. 三氟羧草醚（杂草焚）

作用特点：三氟羧草醚为触杀型除草剂，苗后早期施用，通过杂草的茎、叶吸收，促使气孔关闭，在光照条件下发挥除草活性，植物体温度升高引起坏死，致使杂草死亡。进入大豆、花生体内的药剂能被迅速分解为无毒物质，所以对大豆及花生安全。

制剂：21.4%三氟羧草醚水剂。

适用范围：大豆、花生。

防除对象：主要防除一年生阔叶杂草，如马齿苋、反枝苋、铁苋菜、苍耳、龙葵、藜、酸模叶蓼、鸭跖草、曼陀罗、香薷、裂叶牵牛、圆叶牵牛等；对多年生杂草，如苣荬菜、大蓟、刺儿菜、问荆有较强抑制作用；对1～3片叶期的禾本科杂草，如狗尾草、稷、野高粱等也有效果。

使用方法：在大豆、花生苗后至3片复叶期之前，阔叶杂草3～4叶期，每亩使用21.4%水剂70～100毫升，兑水喷雾。

注意事项：

① 使用三氟羧草醚后，大豆易出现药害症状，表现为叶片皱缩，有灼伤状斑点，严重时则整片叶干枯，通常1～2周大豆即恢复正常生长，对产量基本无影响；

② 大豆3叶期后不宜使用三氟羧草醚，因为大豆叶面积增加时，由于接触到的除草剂相对增多，药害易加重。

5. 氟磺胺草醚（虎威）

作用特点：氟磺胺草醚是一种选择性除草剂，具有杀草谱宽、除草效果好、对大豆安全、对环境及后茬作物安全（推荐剂量）等优点。大豆苗后使用。可通过杂草的根、茎、叶吸收，破坏杂草的光合作用，使叶片黄化或出现斑枯，迅速枯萎死亡。药后4～6小时遇雨药效不降低，叶上残留的药液会被雨水冲入土壤中，喷洒在地表的除草剂仍可被杂草根部吸收进入杂草体内。进入大豆植株内的氟磺胺草醚可被大豆迅速分解为无毒物质，故对大豆安全，施药后大豆叶上偶尔见到暂时性的局部接触性药斑，对大豆的生长及产量均无影响。

制剂：25%氟磺胺草醚水剂。

适用范围：大豆、果园。

防除对象：反枝苋、凹头苋、刺苋、铁苋菜、鬼针、苘麻、马齿苋、苍耳、裂叶牵牛、田旋花、豚草、荠菜、酸模叶蓼、卷茎蓼、红蓼、萹蓄、曼陀罗、猪殃殃、酸浆、龙葵、三叶草、水棘针、香薷、刺儿菜、大蓟、鸭跖草等一年生和多年生阔叶杂草。

使用方法：大豆苗后，杂草 2～4 叶期，每亩使用 25%水剂 70～100 毫升，兑水 30 公斤均匀喷雾。若需要同时防除豆田中的禾本科杂草和阔叶杂草，可将氟磺胺草醚与精喹禾灵或精吡氟禾草灵混用。果园用药量与豆田用药量基本相同。

注意事项：施用过氟磺胺草醚的地块，后茬种植甜菜、白菜、油菜时，生长会受影响，深翻后种植可减轻影响。

（五）氨基甲酸酯类

1. 禾草敌（禾大壮）

作用特点：禾草敌是一种选择性内吸传导型专用除草剂，具有土壤处理兼茎叶处理剂活性，施于田中后，由于其密度大于水而下沉，在水与泥之间形成一个高浓度的药层，杂草萌发穿过药层时，药剂被初生根，尤其被芽鞘迅速吸收，在生长点的分生组织中积累，受害的细胞膨大，生长点扭曲，最终杂草死亡。催芽后的稻种撒播后，稻根穿过药层吸收的药量少，芽鞘向上生长则不接触药层，故水稻是安全的。

制剂：90.9%禾草敌乳油。

适用范围：水稻。

防除对象：稗草。

使用方法：稗草萌发至 3 叶期为施药适期，对 4 叶期稗草仍然有效。华北及东北地区，防除 3 叶期前的稗草，每亩用 90.9%乳油 166～220 毫升，防除 4 叶期杂草，药量可增至 250 毫升以上。

当稻田有多种杂草时，禾草敌可与其他除草剂混用，是稻田一次性除草配方中很好的除草剂，可与敌稗、2 甲 4 氯、西草净、吡嘧磺隆、苄嘧磺隆、灭草松等除草剂混用。

注意事项：

① 禾草敌易挥发，应避免大风天气施药，在一天之中可选择早晚温度较低时施药，选用干燥的土或沙拌成毒土、毒沙，随拌随施，尽量减少药液挥发而降低药效。覆膜秧田施药时，施药后立即用塑料薄膜严密覆盖。未用尽的禾草敌应密封保存。

② 施药后，水层保持的时间应适当延长，一般为10天左右，待杂草死亡后再进行其他栽培管理措施。漏水的田块除草效果会降低。

③ 禾草敌无腐蚀性，可以用金属或玻璃容器贮存，但禾草敌能溶解低密度塑料，故不可用低密度塑料容器盛装禾草敌，应将禾草敌存放于密闭、干燥、阴暗的环境中。

2. 禾草丹（杀草丹）

作用特点：禾草丹为内吸传导型选择性除草剂，抑制类脂的合成，杂草萌发生长阶段，通过幼芽及根吸收药剂后，致使正在萌发过程中的杂草幼苗死亡。禾草丹对杂草的种子无效，对3叶期以后的杂草幼苗作用明显减弱。

制剂：50%、90%禾草丹乳油，10%禾草丹颗粒剂。

适用范围：水稻、麦类、玉米、蔬菜、果园。

防除对象：稗草、牛毛毡、千金子、马唐、狗尾草、看麦娘、野慈姑、异型莎草、碎米莎草。

使用方法：水稻秧田期播前或秧苗1叶1心至2叶期，每亩用50%乳油150～200毫升，兑水喷雾。移栽稻田稻苗移栽后3～7天，杂草种子萌动高峰至2叶期前，每亩用50%乳油200～250毫升，兑水喷雾，或使用10%颗粒剂1～1.5公斤，拌细土或化肥撒施。小麦、油菜、玉米播后苗前或小麦1.5叶期，每亩用50%乳油200～300毫升，兑水喷雾。

注意事项：施药时杂草应在2叶期前，禾草丹对大叶龄的杂草防除效果不理想。

（六）苯氧羧酸和苯甲酸类

1. 麦草畏（百草敌）

作用特点：麦草畏属苯甲酸类激素型选择性内吸除草剂，可被杂草的根、茎、叶吸收，积累于代谢旺盛的生长点、幼叶等部位，阻碍植物激素正常功能的发挥，使细胞分裂异常，植物生长畸形，最终导致杂草死亡。禾本科植物能将体内的麦草畏迅速分解失活，所以对禾本科作物安全。一般施药后24小时杂草即出现畸形卷曲的受害状，15～20 天死亡，温度较高时能加速杂草的死亡。

制剂：48%麦草畏水剂。

适用范围：小麦、玉米、谷子、芦苇、水稻等。

防除对象：一年生及多年生阔叶杂草，如荠菜、麦蒿、猪殃殃、繁缕、牛繁缕、藜、苍耳、香薷、问荆、萹蓄、酸模叶蓼、荞麦蔓、田旋花、刺儿菜等。

使用方法：小麦于 3 叶期至拔节前使用，温度降低至 5℃以下及休眠期应停止用药，每亩用 48%水剂 15～20 毫升，也可将麦草畏与 2,4-D 异辛酯或 2-甲-4-氯钠混用，具有增效作用。

可于玉米 4～10 叶期，每亩用 48%水剂 30 毫升，兑水喷雾。若进行土壤封闭处理，玉米种子的播种深度不能小于 4 厘米，以免除草剂与种子接触产生药害。为扩大杀草谱，可以与异丙甲草胺或烟嘧磺隆混用。

注意事项：

① 小麦在 3 叶期之前，拔节之后及玉米抽雄前 15 天时间内禁用麦草畏，否则易发生药害；

② 麦草畏对阔叶作物易产生药害，若附近有阔叶作物，应考虑风向造成的雾滴飘移问题；

③ 正常施药情况下，小麦玉米苗期可能会出现倾斜弯曲的现象，通常 1 周后即恢复正常，对以后的生长及产量不会有影响。

2. 2-甲-4-氯钠

作用特点：2-甲-4-氯钠为苯氧羧酸类激素型选择性内吸传导除草剂，经杂草的根、茎、叶吸收，破坏杂草的正常代谢功能，导致杂草短时间内死亡，其杀草原理与 2,4-D 异辛酯相同，防除对象、适用范围也与 2,4-D 异辛酯相似，比 2,4-D 异辛酯安全。

制剂：20% 2-甲-4-氯钠水剂、56% 2-甲-4-氯钠可溶性粉剂。

适用范围：小麦、玉米、水稻、高粱、甘蔗、黑麦、大麦、燕麦、禾本科草坪。

防除对象：马齿苋、反枝苋、凹头苋、荠菜、麦蒿、酸模叶蓼、红蓼、藜、小藜、苍耳、问荆、牛繁缕、地肤、鬼针、野萝卜、山芥、车前属、辣子草、猪殃殃、狼把草、豚草、大巢菜、刺儿菜、鸭跖草、异型莎草、荆三棱等阔叶及莎草科杂草。

使用方法：小麦 4 叶期至拔节前，玉米播后苗前，禾本科草坪 4 叶期后，每亩用20%水剂250～300毫升，兑水喷雾；水稻秧田秧苗5叶期至拔节前7～10天，每亩用20%水剂100～150毫升。移栽田水稻分蘖盛期至拔节前，每亩用20%水剂200～300毫升。直播田适宜在水稻分蘖盛期使用，每亩用20%水剂250～300毫升，兑水喷雾，北方用量为150～200毫升。

注意事项：

① 豆类、瓜类、棉花等双子叶作物对2-甲-4-氯钠敏感，应在无风天气或相距较远时使用；

② 用过2-甲-4-氯钠的喷雾器，应彻底清洗，以免在其他作物上使用时产生药害。

（七）芳氧苯氧基丙酸酯类

1. 精吡氟禾草灵（精稳杀得）

作用特点：精吡氟禾草灵是内吸传导型选择性茎叶处理除草剂，对禾本科植物有很强的杀灭作用，而对除禾本科以外的其他植物安全。对多年生禾本科杂草的地下根状茎也具有强烈的破坏作用。杂草接触精吡氟禾草灵后很快停止生长，约两周时间杂草死亡。

制剂：15%精吡氟禾草灵乳油。

适用范围：大豆、甜菜、棉花、油菜、花生、马铃薯、西甜瓜、烟草、亚麻、豌豆、菜豆、蚕豆，阔叶蔬菜及果树、林业苗圃、幼林抚育等。

防除对象：可防除绝大多数一年生及多年生禾本科杂草，如稗草、马唐、牛筋草、狗尾草、野燕麦、千金子、画眉草、早熟禾、看麦娘、雀麦、金色狗尾草、大麦属、黑麦属、狗牙根、假高粱、芦苇、双穗雀稗、匍匐冰草等。

使用方法：当一年生禾本科杂草处于2～3叶期时，每亩用药量为30～50毫升，4～5叶的一年生禾本科杂草，用药量为50～67毫升，6叶期的一年生杂草，用药量为67～80毫升；防除较大的一年生禾本科杂草以及多年生禾本科杂草，如芦苇、狗牙根等，可将药量增加至每亩133～167毫升，兑水30～45公斤喷雾。

注意事项：土壤水分状况、温度高低对药效有一定影响，当土壤水分充足、温度较高时，有利于药效发挥，可用较低剂量，反之，则使用较高剂量。

2. 精喹禾灵（精禾草克）

作用特点：精喹禾灵是乙酰辅酶A羧化酶抑制剂，可通过杂草的茎、叶吸收，在体内向上向下传导运输，积累在分生组织部位，主要是根、茎顶端的生长点及节的居间分生组织，使组织坏死，导致杂草死亡。

制剂：5%、8%、8.8%、10%、10.8%精喹禾灵乳油。

适用范围：大豆、甜菜、棉花、油菜、花生、马铃薯、西甜瓜、烟草、亚麻、豌豆、菜豆、蚕豆、阔叶蔬菜、果园、绿化苗圃等。

防除对象：主要防除一年生、二年生及多年生的禾本科杂草，如马唐、牛筋草、狗尾草、金狗尾草、稗草、野燕麦、千金子、画眉草、早熟禾、看麦娘、雀麦、大麦属、黑麦属、狗牙根、假高粱、芦苇、白茅、双穗雀麦、匍匐冰草等。

使用方法：阔叶作物在任何时期使用精喹禾灵都是安全的，对一年生禾本科杂草，防治的适宜时期为杂草 3～5 叶期，每亩使用 5%乳油 50～80 毫升，超过 5 叶期的一年生禾本科杂草及二年生杂草，用药量为 80～100 毫升，防除多年生的禾本科杂草时，使用 5%乳油 100～133 毫升。

注意事项：

① 温度较低、土壤干旱的情况下，应适当增加用药量；

② 气温较高时，施药时间应避开中午，傍晚施药效果较好，有利于药剂被杂草茎叶吸收及传导，若早晨施药，应在田间露水消失后进行。

3. 高效氟吡甲禾灵（高效盖草能）

作用特点：高效氟吡甲禾灵主要通过杂草的茎叶吸收，喷雾时落入土壤的药液也可被杂草的根部吸收传导，杂草受药后生长很快停止，48 小时呈现受害症状，若剥开杂草的叶片，可见到节部及茎尖生长点变褐，继而心叶逐渐由绿变黄、变紫，然后老叶出现受害状，呈紫色或红色，自施药至杂草死亡约 6～10 天。高效氟吡甲禾灵防除禾本科杂草的能力较强，当一般禾本科杂草的除草剂对草龄较大的一年生禾本科杂草及多年生禾本科杂草防效不理想时，使用高效氟吡甲禾灵仍有较好的防除效果。

制剂：10.8%高效氟吡甲禾灵乳油。

适用范围：大豆、甜菜、棉花、油菜、花生、马铃薯、西甜瓜、烟草、亚麻、豌豆、菜豆、蚕豆、阔叶蔬菜、果园、绿化苗圃、幼林抚育等。

防除对象：可用于防除绝大多数一年生、二年生及多年生禾本科杂草。

使用方法：防除一年生及二年生禾本科杂草的最佳施药时期为杂草的 3～4 叶期，10.8%乳油使用剂量为每亩 25～30 毫升，杂草 4～5 叶期时，用药量为 30～35 毫升，防除 5 叶期以上的杂草，药量可适当增加，防除多年生禾本科杂草的剂量可增加至 40～60 毫升。

注意事项：

① 施用高效氟吡甲禾灵后，1 小时内遇雨会影响药效，若施药时加入渗透

剂如氮酮或有机硅，则20分钟后遇雨不降低药效；

② 高效氟吡甲禾灵对双子叶作物高度安全，为增加除草剂的防效可加大用药剂量，一般用药量增加数倍仍然对作物安全。

4. 精噁唑禾草灵（威霸、骠马）

作用特点：精噁唑禾草灵通过杂草的茎叶吸收转运至禾本科杂草的细胞分裂旺盛部位，即根尖的尖端分生组织及节部，使幼嫩分生组织无法进行正常的细胞分裂，变褐，最终导致杂草死亡。可防除大多数一年生、二年生及多年生禾本科杂草。精噁唑禾草灵在耐药性强的作物体内迅速降解为无活性物质，对双子叶植物及部分单子叶植物安全。精噁唑禾草灵中加入专用解毒剂后，对小麦安全，可用于防除麦田中常见的禾本科杂草。

制剂：6.9%精噁唑禾草灵水乳剂（骠马），6.9%精噁唑禾草灵浓乳剂（威霸）。

适用范围：威霸可用于双子叶作物，如豆类、花生、棉花、烟草、马铃薯、甜菜、亚麻、向日葵、甘薯、苜蓿、茄子、番茄、辣椒、瓜类、十字花科蔬菜（如油菜）、菠菜、香菜、芹菜、果树林业苗圃，百合科的洋葱、大蒜等。骠马为加入解毒剂后的精噁唑禾草灵，适用于小麦田。

防除对象：

① 威霸。马唐、牛筋草、狗尾草、金狗尾草、看麦娘、画眉草、虎尾草、千金子、自生玉米、自生麦苗、假高粱、剪股颖、苏丹草、稗草、狗牙根等。

② 骠马。防除麦田中的禾本科杂草，如野燕麦、看麦娘、稗草、狗尾草、硬草、罔草、棒头草、碱茅等。

使用方法：

① 威霸。用于双子叶作物田防除禾本科杂草时，宜在杂草出齐苗，多数杂草3～5叶期进行，每亩可用6.9%水乳剂40～70毫升，兑水30～45公斤均匀喷雾，作物植株较大时，应将药液主要喷于杂草上，以增加杂草的受药量，提高药效。

② 骠马。小麦田专用除草剂，可在小麦3叶期至拔节期，禾本科杂草3叶期至分蘖期使用，用药量为每亩使用6.9%骠马水乳剂45～60毫升，茎叶喷雾。

注意事项：精噁唑禾草灵对节节麦、早熟禾防效较差，因此，麦田中若这两种杂草较多时，不宜选用骠马，而应使用世玛对杂草进行防除。

5. 氰氟草酯（千金）

作用特点：氰氟草酯是目前芳氧苯氧基丙酸酯类除草剂中唯一对水稻具有

高度安全性的品种，为内吸传导型茎叶处理剂。自施药至杂草死亡一般为1～3周。氰氟草酯在水稻植株内可迅速降解成为无活性的二酸态，故对水稻安全。其对幼龄及大龄稗草都具有很好的防效。

制剂：10%氰氟草酯乳油。

适用范围：水稻。

防除对象：稗草、千金子、马唐、牛筋草、看麦娘、狗尾草、双穗雀麦。

使用方法：氰氟草酯对各种栽培方式的水稻从苗期至拔节期使用都十分安全。秧田于稗草1.5～2叶期，每亩用10%乳油30～50毫升，兑水喷雾；直播田、抛秧田、移栽田于稗草2～4叶期，每亩用10%乳油50～70毫升，兑水喷雾。杂草较大时可适当增加用药量。

注意事项：

① 氰氟草酯在土壤和水中能快速降解，无残留，对后茬安全；

② 氰氟草酯不适宜用作土壤处理。

（八）二硝基苯胺类

1. 二甲戊灵（施田补）

作用特点：主要抑制分生组织细胞分裂，不影响杂草种子的萌发，而是在杂草种子萌发过程中幼芽、茎和根吸收药剂后而起作用。双子叶植物吸收部位为下胚轴，单子叶植物为幼芽，其受害症状是幼芽和次生根生长被抑制。

制剂：33%二甲戊灵乳油。

适用范围：玉米、大豆、棉花、花生、烟草、马铃薯、甘蔗、果园、向日葵。

防除对象：马唐、牛筋草、狗尾草、稗草、早熟禾、画眉草、萹蓄、酸模叶蓼、马齿苋、繁缕、地肤、反枝苋、荠菜、猪殃殃。

使用技术：

玉米田，播后苗前，每亩用33%乳油200毫升。

大豆田，播后苗前，每亩用33%乳油100～150毫升。

棉花、花生田，播后苗前，每亩用33%乳油200～300毫升。

马铃薯田，播后苗前，每亩用33%乳油260～400毫升。

甘蓝、花椰菜田，播后苗前，每亩用33%乳油100～200毫升；移栽后用药，每亩用33%乳油150～300毫升。

果园：果树生长季节，杂草未出土或刚露出地面时，每亩用33%乳油200～400毫升。

向日葵田：播后苗前，每亩用33%乳油200～350毫升。

注意事项：在温室或大棚内使用时应适当减少用药量，以免产生药害。

2. 氟乐灵（氟特力）

作用特点：是在杂草种子发芽生长穿过土层的过程中被吸收的。主要被禾本科植物的幼芽和阔叶植物的下胚轴吸收，子叶和幼根也能吸收，但出苗后的茎和叶不能吸收。

制剂：48%氟乐灵乳油。

适用范围：大豆、花生、棉花、马铃薯、番茄、果园等。

防除对象：稗草、野燕麦、马唐、狗尾草、牛筋草、千金子及部分小粒种子的阔叶杂草。

使用技术：

大豆田，应在播前5～7天用药，每亩用48%氟乐灵乳油100～150毫升，喷施后立即进行混土处理，深度约为5～7厘米。

蔬菜田，每亩用48%乳油70～100毫升，兑水喷雾并混土，深度为4～5厘米。对于胡萝卜、芹菜、香菜等，在播种前或播种后均可用药；对于十字花科蔬菜，如白菜、油菜、花椰菜等，应在播前3～7天用药；移栽的蔬菜在移栽前后均可用药。

注意事项：

① 氟乐灵挥发性强并易光解，所以使用时应进行混土。

② 土壤有机质含量高时，由于有机质对除草剂的吸附作用会降低部分药效，应适当增加用药量，在进行地膜覆盖栽培时，应适当减少用药量。

（九）有机磷类

1. 草甘膦（农达、农民乐）

作用特点：广谱灭生性内吸传导型茎叶处理除草剂，通过植物绿色部位吸收，有很强的内吸传导性，可传至深根性杂草的根部，也可传至相邻的分蘖中去，导致植物死亡。

制剂：10%、41%草甘膦水剂，74.7%草甘膦水溶性颗粒剂。

适用范围：果园、林地、休耕地、田边等。

防除对象：藻类、蕨类、灌木、一年生及多年生含叶绿素的杂草。

使用方法：防除一年生杂草，每亩用41%水剂180～250克或74.7%水溶性颗粒剂100～140克；防除多年生杂草，每亩用41%水剂300～400克或74.7%水溶性颗粒剂150～200克。

注意事项：

① 温度较低时影响草甘膦药效的发挥，早春及深秋灭草效果不理想；

② 百合科、旋花科和豆科的部分杂草对草甘膦抗性较强，可通过增加用药剂量，加入渗透剂，多次用药的方法有效杀灭杂草；

③ 草甘膦主要通过杂草的茎叶吸收，对于地下部分如根状茎、球茎、块茎较发达及深根性的多年生杂草，地上部的茎叶表面积较小时，吸收的药量不足以杀死杂草，应在杂草5～6片叶以上时施药；

④ 草甘膦的雾滴飘移易使邻近的作物受药害，玉米田中期行间定向喷雾除草，不宜选用草甘膦，否则易受药害；

⑤ 草甘膦接触到植物的非绿色部分，如种子、非绿色的树干等部位后，对植物的生长无影响；

⑥ 草甘膦接触地面后，很快钝化失去活性，所以不具备封闭除草的特性，也不影响作物种子的萌发出土。

2. 莎稗磷（阿罗津）

作用特点：莎稗磷为内吸传导型选择性除草剂，主要通过杂草幼芽和茎被吸收，抑制细胞分裂及伸长，对正在萌发的杂草效果好，对大龄的杂草效果差。施药后杂草生长停止，叶片深绿，有时褪色，叶片短而厚，易被折断，心叶不易抽出，最后干枯死亡。

制剂：30%莎稗磷乳油、1.5%莎稗磷颗粒剂。

适用范围：主要用于水稻田，也可用于棉花、大豆、花生、油菜、玉米、小麦、黄瓜田。

防除对象：一年生禾本科杂草和莎草科杂草，如稗草、马唐、牛筋草、狗尾草、野燕麦、千金子、鸭舌草、水莎草、异型莎草、碎米莎草、节节菜、藨草、飘拂草、牛毛毡等。

使用方法：

水稻田，插秧后4～8天，稗草2叶1心前，每亩用30%乳油60～75毫升，加水30～45公斤喷雾。施药前1天排干田中的水，施药24小时后灌水，并保持3～5厘米的水层5～7天。

旱田，可在播后苗前或中耕后，每亩用30%乳油100～150毫升，兑水30～45公斤均匀喷雾。

注意事项：

① 超过3叶1心的稗草对莎稗磷抗性增强，应掌握好用药时间；

② 对一年生的莎草科杂草防效好，对多年生莎草科杂草无效。

（十）其他类别除草剂

1. 咪唑啉酮类

咪唑乙烟酸（普施特）

作用特点：咪唑乙烟酸为选择性内吸传导型苗前、苗后早期除草剂，可通过杂草的根、茎、叶吸收，最终导致杂草死亡。大豆可将其分解代谢为无活性物质，故其对大豆安全。

制剂：5%咪唑乙烟酸水剂。

适用范围：大豆。

防除对象：一年生及多年生禾本科杂草及阔叶杂草，如狗尾草、马唐、稗草、龙葵、苘麻、酸模叶蓼、苍耳、香薷、水棘针、野西瓜苗、藜、小藜、鸭跖草（3叶期前）、马齿苋、反枝苋、地肤、豚草、曼陀罗、狼把草等。

使用方法：大豆播前或播后苗前进行土壤处理，每亩用5%水剂100～135毫升，兑水30～45公斤喷雾。大豆苗后早期茎叶处理，每亩用5%水剂100毫升，兑水喷雾。龙葵对咪唑乙烟酸非常敏感，用药量67毫升时即对其有良好的药效。

注意事项：

① 对咪唑乙烟酸敏感的作物有玉米、高粱、水稻、西瓜、马铃薯、茄子、大葱、辣椒、番茄、白菜等，甜菜尤其敏感，微量即可致死，应注意施药时的飘移问题；

② 咪唑乙烟酸的降解速度受pH值、温度、水分条件的影响，降解速度随pH值增大而加快，在北方寒冷地区降解缓慢；

③ 在黑龙江省，pH值低于6.5的地块，咪唑乙烟酸的有效成分不宜超过5～6.6克。

2. 环己烯酮类

（1）烯禾啶（拿捕净）

作用特点：烯禾啶为选择性苗后茎叶处理除草剂，具内吸传导性，施药后经杂草茎叶吸收，积累于细胞分裂旺盛的生长点及节部，使细胞分裂受阻，分生组织坏死。一般施药后3天杂草停止生长，5天后用手容易把心叶拔出，7天后心叶褪色或变紫色，基部变褐色，10～15天后杂草干枯死亡。

制剂：12%、12.5%、20%烯禾啶乳油，12.5%、25%烯禾啶机油乳剂。

适用范围：棉花、大豆、花生、甜菜、马铃薯、亚麻、阔叶蔬菜、向日葵、果园、苗圃等。

防除对象：一年生及多年生禾本科杂草，如马唐、牛筋草、野燕麦、看麦娘、狗尾草、稗草、野黍、臂形草、稷属、旱雀麦、自生玉米、自生小麦、狗牙根、芦苇、冰草、假高粱、白茅等。

使用方法：阔叶作物苗后，杂草2～7叶期均可用药，每亩用20%乳油70～140毫升，杂草较小时用较低剂量，杂草较大时用较高剂量。

注意事项：稀禾啶几乎对所有双子叶植物安全，对百合科的洋葱、大蒜安全，对大多数单子叶作物易产生药害，施药时应注意飘移问题。

（2）烯草酮（收乐通）

作用特点：烯草酮为选择性内吸传导型茎叶处理剂，施药后被杂草茎叶吸收传导至分生组织积累并发挥作用，使细胞分裂不能正常进行，导致杂草生长缓慢。施药3～5天后，虽然杂草叶子仍为绿色，但心叶可用手拔出，约1～3周内杂草死亡。

制剂：120克/升烯草酮乳油、240克/升烯草酮乳油。

适用范围：可用于大多数双子叶作物，如大豆、花生、棉花、甜菜、甘薯、向日葵、亚麻、烟草、菠菜、茄科蔬菜、十字花科蔬菜、西甜瓜、胡萝卜、莴苣、草莓、大蒜、洋葱、果园等。

防除对象：一年生及多年生禾本科杂草，如野燕麦、狗尾草、马唐、稗草、早熟禾、看麦娘、多花千金子、毒麦、洋野黍、牛筋草、匍匐冰草、自生玉米、芦苇、狗牙根等。

使用方法：双子叶作物生长的任何时期均可使用，一年生禾本科杂草3～5叶期药效最好，每亩用240克/升乳油30～40毫升。防除多年生禾本科杂草时药量可加倍。

注意事项：

① 为增强药效，可以在药液中加入氮酮、有机硅等渗透展着剂；

② 若烯草酮与防除阔叶杂草的除草剂混用，应注意施用适期，以免降低药效或产生药害。

3. 环状亚胺类

（1）噁草酮（农思它）

作用特点：噁草酮是一种土壤处理的触杀型选择性芽期除草剂，芽前及芽后早期都可使用。施于水田或地表后，即被表层土壤胶粒吸附形成稳定的药膜封闭层，萌发的杂草幼芽穿过此药膜层时，经接触吸收和有限传导，在有光条件下，触药部位的细胞组织及叶绿素遭受破坏，生长旺盛部位的分生组织停止生长，受害的杂草幼芽枯萎死亡。进行茎叶处理时，经杂草地上部分吸收并积累于生长代谢旺盛部位，光照条件下，杂草停止生长，进而杂草组织腐烂死亡。水稻田施药时若有部分杂草已经萌发但还未长出土面，则其茎叶即在水中吸收足够量的药剂，也将导致杂草腐烂死亡。药剂被土壤表面胶粒吸附后，向下移有限，故根部吸收的药剂很少。

制剂：12%、25%噁草酮乳油。

适用范围：水稻、陆稻、花生、大豆、棉花、甘蔗、向日葵、大蒜、葱、韭菜、芦笋、芹菜、马铃薯、茶树、葡萄，仁果和核果植物，花卉，草坪。

防除对象：噁草酮的杀草谱较广，可有效防除水稻田和旱田中的稗草、狗尾草、马唐、牛筋草、千金子、看麦娘、虎尾草、雀稗、苋、藜、铁苋菜、马齿苋、荠菜、龙葵、苍耳、酸模叶蓼、田旋花、鸭跖草、婆婆纳、酢浆草、鸭舌草、雨久花、泽泻、矮慈姑、节节菜、水苋菜、鳢肠、牛毛毡、萤蔺、异型莎草、日照飘拂草、小茨藻等一年生杂草及少部分多年生杂草。

使用方法：

① 稻田移栽田。最好在移栽前施用，即在最后一次整地后，趁水混浊时使用，可直接用12%噁草酮乳油均匀甩施或用25%乳油每亩加水15升，搅拌均匀后泼浇。施药与插秧时间应间隔2天以上。北方地区，每亩用12%乳油200～250毫升或25%乳油100～120毫升，也可每亩用12%乳油100毫升与60%丁草胺乳油80～100毫升，加水泼浇。

② 旱直播田、旱秧田和陆稻田。可在播后苗前或水稻1叶期、杂草1.5叶期左右，每亩用25%乳油100～200毫升，或25%乳油70～150毫升加60%丁草胺乳油70～100毫升加水45公斤，搅匀后喷施。

③ 花生田。露地种植，播后苗前，北方地区每亩施用25%乳油100～150毫升，兑水30～45公斤均匀喷雾；地膜覆盖种植，覆膜前每亩施用25%乳油70～100毫升，兑水30～45公斤均匀喷雾。

④ 棉花田。露地种植，播后2～4天，北方地区每亩施用25%乳油130～170毫升，兑水30～45公斤喷雾；地膜覆盖种植，覆膜前，每亩施用25%乳油100～130毫升，兑水30～45公斤均匀喷雾。

⑤ 向日葵田。播后立即施用，每亩施用25%乳油250～350毫升，兑水30～45公斤均匀喷雾。

⑥ 马铃薯田。种植后出苗前，每亩施用25%乳油120～150毫升，兑水30～45公斤均匀喷雾。

⑦ 果园。杂草萌发出土前，每亩施用25%乳油200～400毫升，兑水

30～45公斤均匀喷雾。

⑧ 草坪。在不敏感草种的定植草坪上，每亩施用25％乳油400～600毫升，掺细沙40～60公斤制成药沙均匀撒施于草坪表面，对马唐、牛筋草的防效很好。紫羊茅、剪股颖、结缕草对噁草酮较敏感，故这几种草坪上不宜使用。

注意事项：

① 用于水稻移栽田，弱苗、施药过量或水层没过稻苗心叶时，易产生药害；

② 在旱田使用时，若地表干旱，药效发挥不好，可在喷施时增加水量。

(2) 氟烯草酸（利收）

作用特点：氟烯草酸为触杀型选择性除草剂，药液可被杂草茎叶迅速吸收，杂草很快凋萎干枯。氟烯草酸可在大豆体内快速分解，故对大豆安全。

制剂：10％氟烯草酸乳油。

适用范围：大豆。

防除对象：主要防除一年生阔叶杂草，如反枝苋、凹头苋、龙葵、香薷、藜、小藜、苍耳、酸模叶蓼、柳叶刺苋、节蓼、曼陀罗；对铁苋菜、鸭跖草有一定的防效；对多年生的苣荬菜、刺儿菜、大蓟等有抑制作用。

使用方法：大豆2～3片复叶期，阔叶杂草基本出齐，且大部分处于2～4叶期时施药较好，每亩用10％乳油30～45毫升，兑水喷雾。杂草较小、生长旺盛且土壤水分适宜时用较低剂量，反之用较高剂量。

注意事项：温度较高时，施用氟烯草酸可能对大豆有较轻微的触杀型药害，但不影响新叶的长出，一周后生长恢复正常，对产量无影响。

4. 磺酰胺类

(1) 唑嘧磺草胺（阔草清、豆草能）

作用特点：唑嘧磺草胺是选择性内吸传导型除草剂，通过杂草的根和叶被吸收，进而导致杂草生长停滞，死亡。施药时起至杂草死亡是一个较为缓慢的过程，施药后杂草表现为：叶片中脉失绿，叶脉和叶尖褪色，由心叶开始黄白化、紫化、节间变短、顶芽死亡，最后整株死亡。唑嘧磺草胺既可用来苗前土壤处理，也可用来苗后茎叶处理，而且土壤干旱对药效影响很小。

制剂：80％唑嘧磺草胺水分散粒剂。

适用范围：大豆、玉米、小麦、苜蓿。

防除对象：能防除大多数一年生及多年生阔叶杂草，如反枝苋、凹头苋、铁苋菜、繁缕、苘麻、藜、野萝卜、苍耳、龙葵、酸模叶蓼、香薷、猪殃殃、大巢菜、野西瓜苗、地肤、荠菜、麦蒿、遏蓝菜、风花菜、水棘针、毛茛、问荆、苣荬菜等，对狗尾草、铁荸荠有较好的防效。

使用方法：

① 大豆田。播前、播后苗前及大豆苗后均可使用，每亩用80%水分散粒剂4～5克。为扩大杀草谱，播前可将唑嘧磺草胺与氟乐灵、乙草胺、异丙甲草胺或异丙草胺混用，出苗后可与三氟羧草醚、氟磺胺草醚或灭草松混用。混用时可适当减少唑嘧磺草胺的用药量。

② 玉米田。播后苗前，每亩使用80%水分散粒剂2.5～4克，为扩大杀草谱，可与乙草胺、异丙甲草胺或异丙草胺混用。

③ 小麦田。小麦3叶期至分蘖末期，每亩使用80%水分散粒剂1.5～2克。

④ 秋施。在东北地区，唑嘧磺草胺秋施与春施相比，对作物的安全性及对杂草的防效更好，用药量比春施增加10%，在9月下旬气温降至10℃以下时即可用药，10月中下旬气温5℃以下至封冻前这段时间最为适宜，施药后应结合混土处理。

注意事项：

① 唑嘧磺草胺不能与精吡氟禾草灵、精喹禾灵混用，因为混用后会导致对禾本科杂草的防效降低；

② 甜菜、油菜对唑嘧磺草胺敏感，不宜作为后茬作物种植。

（2）五氟磺草胺（稻杰）

作用特点：五氟磺草胺为选择性内吸除草剂，可被杂草的根、茎、叶吸收传导，破坏细胞分裂，施药后杂草很快停止生长，2～4天后，杂草生长点褪色，有时叶脉变红，7～14天后，茎、叶、叶芽出现枯萎坏死，稗草茎基部颜色变黑，杂草完全死亡约需2～4周时间。处于萌发阶段的杂草，一般在出苗前死亡或苗后缓慢生长至1～2叶期死亡。五氟磺草胺的活性成分在水稻体内可被迅速分解，对水稻安全。

制剂：25克/升五氟磺草胺油悬浮剂。

适用范围：水稻。

防除对象：可防除所有生物型的稗草、一年生莎草及阔叶杂草。水稻1叶期至成熟期均可使用，对磺酰脲类产生抗性的一些杂草，五氟磺草胺也有较好的防效。

使用方法：各种类型稻田，水稻1叶期至成熟期均可使用，施药前排干稻田水，施药后1天灌水，保持3～5厘米的水层5～7天，每亩用25克/升油悬浮剂 40～80 毫升，杂草叶龄及密度小时用低剂量，反之用较高剂量。对大多数杂草 1～4 叶期药效最佳。

注意事项：在喷药不均匀或施药时遇到低温，水稻可能出现短时间的黄化现象，通常 5～7 天即可恢复，不影响生长及产量。

5. 有机杂环类

(1) 灭草松（排草丹）

作用特点：灭草松为苗后选择性触杀型茎叶处理剂，无内吸传导性，可通过破坏杂草的光合作用致其死亡。大豆植株接触药液 2 小时后，光合作用受到抑制，8 小时内即可将其分解代谢为无活性物质，光合作用及生长完全恢复正常。

制剂：480 克/升灭草松水剂。

适用范围：大豆、花生、水稻、玉米、小麦、禾本科牧草及草坪。

防除对象：苍耳、马齿苋、苘麻、麦蒿、荠菜、反枝苋、刺苋、凹头苋、酸模叶蓼、鬼针、猪殃殃、野西瓜苗、藜、小藜、龙葵、繁缕、鸭跖草（1～2 叶）、野萝卜、裂叶牵牛、泽泻、慈姑、大蓟、雨久花、鸭舌草、母草、萤蔺、异型莎草、荆三棱等阔叶及莎草科杂草。

使用方法：大豆、花生在 2～3 片复叶期，阔叶杂草 2～5 叶期，每亩用 480 克/升水剂 100～200 毫升，兑水喷雾。秧田水稻苗 2～3 叶期，移栽水稻于移栽后 10～15 天，杂草出齐，大部分杂草 3～4 叶期，每亩用 480 克/升水剂 130～200 毫升，兑水喷雾。防除一年生杂草用低剂量，防除莎草科杂草用高剂量。

注意事项：

① 由于灭草松在杂草体内无移动性，喷药时应均匀；

② 晴天高温情况下灭草松活性高，对杂草防除效果好于低温的阴天。

(2) 二氯喹啉酸（快杀稗）

作用特点：二氯喹啉酸为激素型除草剂，主要通过杂草的根部吸收，也可被发芽的种子吸收，少量通过叶部吸收，在杂草体内传导，中毒症状与生长素类除草剂造成的症状相似，最后杂草死亡。用药适期长，对 2 叶期后的水稻安全性高。是稗草的特效防除剂，能杀死 1～7 叶期的稗草，对 4～7 叶期的稗草有突出防效。施药后，稗草嫩叶呈轻微失绿，叶片出现纵向条纹并弯曲，夹心稗叶尖失绿变为紫褐色直到枯死。阔叶杂草受药后，叶片扭曲变形，根部畸形肿大，生长停滞。

制剂：25%、50%二氯喹啉酸可湿性粉剂。

适用范围：稻田。

防除对象：主要防除稗草，对田菁、决明、雨久花、鸭舌草、水芹、茨藻等有一定防效。

使用方法：秧田和直播田稻苗 3 叶期后，稗草 1～7 叶期均可施药，以稗草 2.5～3.5 叶期最佳。移栽田插秧后 5～20 天均可施药。每亩用 50%可湿性粉剂 30～50 克，兑水喷雾。稗草叶龄较大，基数较多时用药增加，反之则应用低药量，为使药剂与杂草茎叶接触，施药前 1 天应排干水，施药 1 天后灌水，保水 5～7 天。

注意事项：

① 浸种及露芽的稻种，2 叶期前的秧苗对二氯喹啉酸敏感，施药应避开这些阶段；

② 对二氯喹啉酸敏感的作物有番茄、茄子、辣椒、马铃薯、莴苣、胡萝卜、芹菜、香菜、菠菜、瓜类、甜菜、烟草、向日葵、棉花、甘薯、紫花苜蓿等；

③ 施药时应注意雾滴的飘移问题，也不可用施过药的稻田水浇灌以上这些作物田；

④ 二氯喹啉酸在土壤中有积累作用，下茬及第二年不要种植敏感作物，可以种植水稻、小粒谷物、玉米、高粱等耐药作物。

(3) 异噁草松（广灭灵）

作用特点：异噁草松为选择性芽前处理除草剂，可通过杂草的根、幼芽吸收传至幼叶，抑制叶绿素和胡萝卜素的合成，杂草幼苗能够出土，但由于叶片是无光合色素的白化叶，短时间内杂草即死亡。进入大豆、花生等抗性作物体的异噁草松，能够被迅速分解为无毒物质。

制剂：360 克/升异噁草松微囊悬浮剂、48%异噁草松乳油。

适用范围：大豆、花生、甘蔗、马铃薯、水稻、烟草、油菜等。

防除对象：主要用于防除一年生禾本科杂草及阔叶杂草，如狗尾草、稗草、马唐、牛筋草、马齿苋、苘麻、龙葵、香薷、水棘针、野西瓜苗、藜、小藜、酸模叶蓼、柳叶刺蓼、鸭跖草、鬼针、苍耳、豚草等，对多年生杂草如刺儿菜、大蓟、苣荬菜、问荆等有较强的抑制作用。

使用方法：

① 大豆田。可以在播前、播后苗前进行土壤处理及苗后早期进行茎叶处理，每亩用 48%乳油 50～70 毫升，土壤有机质含量高于 3%时用较高剂量，低于 3%时用较低剂量。异噁草松持效期较长，使用时每亩的有效成分应掌握在 33 克以下，在北方第二年春季种植小麦、玉米、甜菜、马铃薯、油菜等作物；若每亩使用的有效成分超过 53 克，则第二年春季不可再种植小麦、大麦、

甜菜等作物。异噁草松在播前进行土壤处理，喷施后应浅混土。

② 甘蔗田。蔗芽出土前，每亩用48%乳油70～80毫升，兑水喷雾。

③ 水稻田。抛秧后3～5天，稗草1叶1心期，每亩用48%乳油25～40毫升，拌土撒施。直播田，北方在播前3～5天喷雾。

注意事项：使用异噁草松可能会使附近某些植物叶片发白、变黄，应注意雾滴飘移问题。

(4) 丙炔氟草胺（速收）

作用特点：丙炔氟草胺为触杀型选择性除草剂，进行土壤处理时，药剂在土壤表面形成处理层，杂草萌发时，幼芽接触到药剂处理层而枯死；对杂草茎叶处理时，药剂被杂草的幼芽及叶片吸收，在杂草体内传导，破坏叶绿素的合成，使杂草凋萎白化干枯以致死亡。

制剂：50%丙炔氟草胺可湿性粉剂。

适用范围：大豆、花生。

防除对象：马齿苋、反枝苋、酸模叶蓼、藜、萹蓄、鼬瓣花、苍耳、苘麻、黄花稔、鸭跖草、牛筋草、马唐，对稗草、狗尾草、野燕麦及苣荬菜有一定抑制作用。

使用方法：大豆、花生播后苗前，每亩用50%可湿性粉剂8～12克，地表喷雾，最好播后立即施药，过晚会影响药效。为扩大杀草谱，可以与噻吩磺隆、乙草胺或异丙甲草胺等混用。

注意事项：在大豆拱土期施药，大豆易出现触杀性药害，但不会在体内传导，短时间内即可恢复正常生长。

(5) 丙炔噁草酮（稻思达）

作用特点：丙炔噁草酮是用于水稻秧田作土壤处理的选择性触杀型芽期除草剂，主要是通过出苗前后敏感杂草的幼芽或幼苗接触吸收而起作用，丙炔噁草酮施于水中后经过沉降，逐渐被表层土壤胶粒吸附形成稳定的药膜封闭层，萌发的杂草幼芽穿过此药膜层时，经接触吸收和有限传导，在有光条件下，使接触部位的细胞膜破裂，叶绿素分解，致使生长旺盛部位的分生组织破坏，幼芽期的杂草枯萎死亡。丙炔噁草酮在土壤中的移动性较小，杂草根部不易接触到药剂。其持效期可维持30天左右。

制剂：80%丙炔噁草酮水分散粒剂、80%丙炔噁草酮可湿性粉剂。

适用范围：水稻。

防除对象：有效防除一年生禾本科杂草、莎草、阔叶杂草和水绵等，如稗草、千金子、野荸荠、异型莎草、碎米莎草、牛毛毡、节节菜、紫萍、萤蔺、鸭舌草、雨久花、泽泻、小茨藻等。

使用方法：丙炔噁草酮在插秧前施用为宜，也可在插秧后施用。以杂草出苗前或苗后早期防效最好，每亩用80%水分散粒剂6克，插秧前3～5天兑水泼浇。

注意事项：

① 丙炔噁草酮对水稻安全幅度较窄，弱苗田、制种田、抛秧田及糯稻田不宜使用；

② 田面应仔细整平，施药不要超过推荐剂量，水面不要没过稻苗，拌药及撒施要均匀。

(6) 嘧啶肟草醚（韩乐天）

作用特点：嘧啶肟草醚为苗后选择性茎叶处理剂，经杂草茎叶吸收后在体内传导，幼芽和根停止生长，幼嫩组织如心叶变黄，然后整株枯死。杂草接触药剂后，一年生杂草通常5～15天死亡，多年生杂草所需时间较长些。若施时温度较低且施药量偏大，水稻易出现叶片发黄，生长受抑制的轻微药害，1天后即可恢复正常生长，对产量无影响。

制剂：10%嘧啶肟草醚乳油。

适用范围：水稻、小麦。

防除对象：禾本科杂草，如稗草、看麦娘、早熟禾、马唐、狗尾草、千金子；阔叶杂草，如反枝苋、决明、田旋花、藜、马齿苋、猪殃殃、大狼把草、苘麻、田皂角、田菁、蓼、龙葵、繁缕、紫花地丁、苍耳；莎草科杂草，如牛毛毡、鸭舌草、异型莎草、水莎草、日本藨草。

使用方法：水稻苗后或移栽、抛秧后，田间稗草3.5～4.5叶期，每亩用10%乳油250～350毫升，兑水喷雾。防除一年生杂草用低剂量，防除多年生杂草用高剂量，施药前应排水，使杂草露出水面，药后1～2天再灌水，1周内保持5～7厘米的水层。

注意事项：嘧啶肟草醚不具有封闭性，不能采用毒土的方式。

六、杀鼠剂种类及特性

（一）杀鼠灵（灭鼠灵）

生物活性：主要作用机制是破坏正常的凝血功能，降低血液的凝固能力，急性毒性低，慢性毒性高，是需连续多次取食才能致死的第一代抗凝血杀鼠剂。适口性好，一般不产生拒食。

制剂：98%原粉、2.5%粉剂、0.025%毒饵。

使用范围：该药用于居住区、仓库、轮船、码头、家禽饲养场灭鼠，不适合田间灭鼠。

使用方法：

① 毒饵灭鼠：用小麦、玉米、大米等作饵料，加适量糖作引诱剂，用植物油（约3%）作黏附剂，按一定比例混合均匀即成毒饵。一般防治褐家鼠的毒饵浓度为0.005%～0.025%，防治黄胸鼠和小家鼠的浓度为0.025～0.05%。在鼠类经常活动的地方每平方米放3～5克，一般5平方米放一堆，一次放够3天食用，48小时后检查，已经吃掉的及时补充，保证有充足的毒饵。药效可维持10～14天。

② 毒水灭鼠：可用0.025%～0.05%钠盐水溶液灭鼠。毒水适口性差，应加入2%～5%的食糖作引诱剂。

③ 毒粉灭鼠：可用98%原粉或2.5%粉剂与面粉或滑石粉混拌均匀制成0.5%～1.0%的毒粉撒在老鼠经常活动的地方，作为舔剂灭鼠。

注意事项：

① 配制毒饵时要加蓝或红的食品色素作警戒色，以防人、畜误食中毒；

② 鼠尸要及时收集深埋，防止污染环境；

③ 误食中毒及时送医院抢救，维生素 K_1 是有效的解毒剂。

（二）敌鼠（敌鼠钠盐）

生物活性：是目前应用广泛的第一代抗凝血杀鼠剂品种，主要作用机制是抑制维生素K，在肝脏中能阻碍凝血酶原的合成，并能使毛细血管变脆，减弱抗张能力，增强血液渗透性，损害肝小叶，促使出现内出血，如有外伤，很快出现流血直至死亡。

制剂：1%、80%及90%以上的粉剂。

使用方法：适用于室内外和田野防除各类害鼠。敌鼠钠盐原粉一般用于配制毒饵防治害鼠，农田灭鼠毒饵的有效成分含量为0.05%～0.1%，消灭家栖鼠类毒饵的有效成分含量为0.025%～0.03%，浓度低，适应性好，一般采用低浓度、高饵量的饱和投饵方法。具体配制方法如下：按需要的毒饵重量的0.05%～0.1%或0.025%～0.03%称取药物，溶于适量的酒精中，加入糖和警戒色，视稻谷的吸水情况加入适量的水，配制成敌鼠钠盐母液，将稻谷倒入药液中浸泡，翻动搅拌稻谷，待药液全部被吸收后，摊开晾干即可。室内晚上投放，一次投放1天的食量，每点10克左右，鼠多可适量多放，连续投放

3～4 天。野外一次性投饵，每鼠洞 10～20 克，或在鼠道上投放，每隔 5～10 米投放 10～20 克。

注意事项：

① 加强保管，避免误食中毒。如发现中毒应立即送医院救治，解毒剂为维生素 K_1；

② 对猫、狗敏感，有二次中毒的危险，因此死鼠要及时收集深埋。

（三）氟鼠灵（杀它仗）

主要理化性质：纯品为灰白色或淡黄色结晶，常温下微溶于水，在水中溶解度为 1.1 克/升，溶于大多数有机溶剂，250℃ 以下对热稳定。

生物活性：作用机制和其他抗凝血杀鼠剂类似。属于第二代抗凝血杀鼠剂，适口性好，毒力强，使用安全，对对第一代抗凝血杀鼠剂产生抗性的鼠也有效。

制剂：0.005％饵剂、0.1％粉剂。

使用方法：

① 家栖鼠类防治，每间房设 1～3 个饵点，每点放 3～5 克毒饵。

② 野栖鼠类防治，5～10 米等距离投饵，每点放 5～10 克毒饵。

（四）溴鼠灵（大隆）

生物活性：是目前国际上公认的第二代抗凝血杀鼠剂中毒力最强的一种。作用机制主要是阻碍凝血酶原的合成，损害微血管，导致大出血而死。毒力强大，具有急性和慢性杀鼠剂的双重优点，既可作为急性杀鼠剂，一次投毒使用，又可小剂量多次投毒使用。对抗性鼠有良好的防效。本品适口性好，鼠类不拒食，杀鼠广谱，可以有效地杀死对第一代抗凝血杀鼠剂产生抗性的鼠类。但对于狗、猪、猫、鸡、鸭、鱼、鸟等畜禽有剧毒，对其他动物则比较安全。

制剂：0.005％饵剂、0.005％蜡块。

使用方法：一般使用浓度为 0.001％～0.005％的毒饵。一次投毒或一周投毒一次。农田灭鼠毒饵应放在鼠洞附近或鼠类经常活动的地方，每隔 5～10 米放 1 堆，每亩用 0.005％毒饵 65～200 克，每堆 5～10 克。一般一次投饵即可取得良好的效果，若鼠害严重，可于 7～14 天后再投放第二次。仓库、住宅防治大鼠，投饵点相距约 5 米，每点放 20～30 克，置于鼠洞和老鼠经常出没的地方。若防治小鼠，投放距离可适当缩短，投放饵料可适当减少。

注意事项：

① 溴鼠灵有累积毒性，有二次中毒现象，使用时要注意安全。毒死老鼠要深埋。

② 灭鼠后收回余饵及盛器，集中烧毁或深埋。

③ 发现中毒要及时送医院治疗，或服用维生素 K_1 解毒。

（五）溴敌隆（乐万通）

生物活性：是一种适口性好、毒性大、杀鼠谱广的高效杀鼠剂，是第二代抗凝血杀鼠剂。它不但具备敌鼠钠盐等第一代抗凝血剂作用缓慢、不易引起鼠类警觉、灭鼠彻底的特点，而且具有急性毒性强的突出优点，单剂量使用对各鼠都能有效地防除。同时，它还可以有效地杀灭对第一代抗凝血剂产生抗性的害鼠。对鱼类、水生昆虫等水产生物有中等毒性，对鸟类低毒，动物取食中毒死亡的老鼠后，会引起二次中毒。

制剂：0.5%粉剂、0.5%液剂、0.005%颗粒剂、0.005%饵剂。

使用方法：溴敌隆可用于不同环境杀灭多种害鼠。可直接投放 0.005%的颗粒剂毒饵，亦可现配现用。饵料可选用小麦、大米、玉米碎粒等谷物，直接倒入溴敌隆稀释液中，待谷物将药水吸收后摊开稍加晾晒即可。如果选用萝卜、马铃薯块配制毒饵，可将饵料先晾晒至发蔫，然后按比例加入充分搅拌均匀。防治家鼠，每间房设 1～3 个饵点，每点 3～5 克。防治田鼠，可在鼠类出没频繁的地方投饵，每亩投饵 15 堆，每堆 5 克，或每鼠洞投饵 5～10 克，1 次投药可收到良好效果。必要时，隔 7～10 天再补投一次效果更好。

注意事项：

① 溴敌隆对人高毒，且有二次中毒的危险，使用时要特别注意安全；

② 若发生中毒，可在医生指导下服用解毒剂维生素 K_1。

附：我国明令禁止生产、经营、使用的剧毒杀鼠剂有 5 种：

① 毒鼠强，化学名称为四亚甲基二砜四胺，也叫没鼠命、424。于 1949 年合成，1953 年用于灭鼠。

② 灭鼠硅，RS150。于 1970 年用于灭鼠。

③ 氟乙酸钠，也叫 1080。于 1944 年用于灭鼠。

④ 氟乙酰胺，也叫敌蚜胺、1081。1968 年用于灭鼠。

⑤ 甘氟，于 1965 年用于灭鼠。

七、植物生长调节剂种类及特性

（一）植物生长促进剂

1. 萘乙酸（NAA）

作用特点：萘乙酸为生长素类广谱植物生长调节剂，具有生长素的活性，它有内源生长素吲哚乙酸的作用特点和生理功能，如促进细胞伸长，促进生根，增加坐果，防止落果，改变雌雄花比率等。萘乙酸可经叶片、树枝的嫩表皮、种子进入植株体内，随营养流输导到起作用的部位。

制剂：80%萘乙酸原粉。

使用方法：用10～20毫克/升药液采收前全株喷洒苹果、梨可防止采前落果；开花期在番茄、西瓜上喷花可防落花，促坐果；用10～20毫克/升药液处理水稻、棉花可增产；25～100毫克/升药液浸扦插枝基部，对茶、桑、侧柏、柞树、水杉等可促进生根。

注意事项：

① 萘乙酸用量极低，要严格掌握使用浓度。萘乙酸药效发挥约需3～7天，药效维持可达21～30天，喷施后短期遇雨，天晴后应重喷，中午前后气温较高也不宜使用，开花授粉作物花期一般不宜使用；

② 可与碱性农药混合使用，不可与酸性农药混配。混合后不宜久存。

2. 2,4-滴钠盐（2,4-二氯苯氧乙酸钠盐）

作用特点：低剂量使用时调节植物生长，高剂量可除草。它能促进番茄坐果，防止落花，加速幼果发育。

制剂：95% 2,4-滴钠盐原粉。

使用方法：在番茄上的使用浓度为10～20毫克/千克，涂花、点花。温度低、湿度大，则加大浓度；温度高、湿度小，则降低浓度。一般情况下，严冬用18～20毫克/千克，早春用14～16毫克/千克，以后随着温度升高降为10～12毫克/千克，浓度过低保花效果不明显，浓度过高易导致僵果和畸形果。

注意事项：2,4-滴钠盐既可作植物生长调节剂又可作除草剂，使用时要严格控制用药量。

3. 对氯苯氧乙酸钠（番茄灵）

作用特点：适用于番茄作物。能起到防止落花，刺激幼果膨大生长，使果实成熟提早，改善果实品质及形成无籽或少籽果实的作用。

制剂：8%对氯苯氧乙酸钠可溶性粉剂。

使用方法：主要用于番茄、茄子、辣椒等蔬菜以及苹果、葡萄等水果，常用0.003%～0.005%的药液于开花结实期喷雾，气温低时药液浓度可高些，气温高时浓度可降低。

注意事项：

① 使用浓度不宜过高，以免产生药害。本品对幼嫩新梢叶比较敏感，故不可喷在尚未老化新梢嫩叶上，以免产生药害。

② 留种作物不可使用。

4. 赤霉素（九二〇）

作用特点：赤霉素是一种广谱性植物生长调节剂。植物体内普遍存在着内源赤霉素，是促进植物生长发育的重要激素之一，是多效唑、矮壮素等生长抑制的拮抗剂。赤霉素可促进植物茎伸长，叶片扩大，单性结实，打破种子休眠，改变雌、雄花比率，影响开花时间，减少花、果的脱落。外源赤霉素进入植物体内，具有内源赤霉素同样的生理功能。赤霉素主要经叶片、嫩枝、花、种子或果实进入植株体内，然后传导到生长活跃的部位起作用。

制剂：85%赤霉素结晶粉、4%赤霉素乳油。

使用方法：麦类每公顷用85%赤霉素结晶粉15克兑水900公斤喷洒穗部，可促进灌浆，提高产量。马铃薯切块浸在0.5～1毫克/升药液中10分钟，可打破休眠，如使用浓度过高也会产生抑制作用。菊花在春化阶段用85%赤霉素结晶粉8500倍液喷叶可促进开花。番茄用4%乳油800～4000倍液开花期喷花可促进坐果。

注意事项：

① 不能与碱性物质混用；其水溶液易分解，不宜久放，宜现配现用。

② 纯品水溶性低，用前先用少量酒精溶解，再加水稀释至所需的浓度。

5. 乙烯利（一试灵）

作用特点：乙烯利是促进成熟的植物生长调节剂。在酸性条件下，十分稳定，在pH＞4以上，则分解释放出乙烯，促进果实早熟齐熟，增加雌花，提早结果，减少顶端优势，增加有效分蘖，使植株矮壮，诱导雄性不育等。

制剂：40%乙烯利水剂。

使用方法：主要用于棉花、番茄、西瓜、柑橘、香蕉、咖啡、桃、柿子等果实促熟，培育后季稻矮壮秧，增加橡胶乳产量和小麦、大豆等作物产量，多用喷雾法常量施药。棉花、香蕉、柿子用400倍液喷雾，水稻用800倍液喷雾，番茄用800～1000倍液喷雾。

注意事项：

① 乙烯利是酸性药剂，因此不能与碱性物质混用；

② 稀释后的乙烯利溶液，由于酸性下降，稳定性变差，故要随配随用；

③ 使用时气温在20℃以上药效最佳，否则药效不太好；

④ 乙烯利原液酸性很强，对皮肤、衣物有腐蚀作用，使用时应注意。

6. 芸苔素内酯（油菜素内酯）

作用特点：芸苔素内酯为甾醇类植物激素。具有使植物细胞分裂和伸长的双重作用，在很低浓度下使用便能明显增加植物营养生长和促进受精作用，经本药液处理后，可以增加营养体收获量，提高坐果率，促进果实肥大，提高结实率，增加干重，增强抗逆性。

制剂：0.01%芸苔素内酯乳油。

使用方法：

① 小麦用0.01%芸苔素内酯乳油200～2000倍稀释液对小麦浸种24小时，对根系（包括根长、根数）和株高有明显促进作用。分蘖期以此浓度进行处理，使分蘖数增加。小麦孕穗期用2000～10000倍稀释液进行叶面喷雾处理的增产效果最为明显。

② 玉米田用10000倍的芸苔素内酯进行全株喷雾处理，能明显减少玉米穗顶端的败育率。

7. 复硝酚钠（爱多收）

作用特点：爱多收为单硝化愈创木酚钠盐植物细胞赋活剂。能迅速渗透到植物体内，以促进细胞的原生质流动，加快植物发根速度，促进生长、生殖和结果。尤其是促进花粉管伸长、帮助受精结实的作用尤为明显。另外还具有提早开花、打破休眠、促进发芽、防止落花落果、改良产品品质等作用。

制剂：1.4%、1.8%复硝酚钠水剂。

使用方法：复硝酚钠能广泛适用于粮食、蔬菜、瓜果、茶树、棉花、油料作物及畜牧、渔业等一切有生命力的动植物。在植物的整个生命期均可使用。可用于浸种、拌种、苗床灌注、叶面喷施、浸根、涂茎、人工催花、果面喷施等处理，从播种到收获均可使用。水稻和小麦播种前，用1.8%复硝酚钠水剂3000倍液浸种12小时，幼穗形成和穗出齐时用3000倍液进行叶面喷洒。果树如葡萄、李、柿、龙眼、木瓜、柠檬等品种，在发新芽后，花前20天至开花前夕及结果后，用5000～6000倍液分别喷洒1～2次。但梨、桃等品种用

1500～2000倍液喷洒。蔬菜类如番茄、瓜类等可在生长期及花蕾期用6000倍药液喷洒1～2次。此外经济价值高的作物发生药害时，可用6000～12000倍药液喷洒处理数次，有利于恢复正常生长。

注意事项：

① 爱多收浓度过高，对幼芽及生长有抑制作用；

② 可与一般农药混用，包括波尔多液等碱性药液；

③ 对结球性叶菜和烟草，应在结球前和收烟叶前一个月停止使用，否则会推迟结球，使烟草生殖生长过于旺盛。

（二）植物生长延缓剂

1. 矮壮素

作用特点：矮壮素是赤霉素的拮抗剂。可经叶片、幼枝、芽、根系和种子进入植株体内。其作用机理是抑制植株体内赤霉素的生物合成。它的生理功能是控制植株的徒长，促进生殖生长，使植株节间缩短而矮壮粗，根系发达，抗倒伏。同时使叶色加深，叶片增厚，叶绿素含量增多，光合作用增强，从而提高坐果率，改善品质，提高产量。矮壮素还有提高某些作物的抗旱、抗寒、抗盐碱及抗某些病虫害的能力。

制剂：50%矮壮素水剂、50%矮壮素乳油。

使用方法：适用于棉花、小麦、玉米、水稻、花生、番茄、果树等作物。20～40毫克/升药液叶面喷雾，1500～3000毫克/升药液浸种，可使小麦增产。用500～1000毫克/升药液在番茄开花前喷洒，可促进坐果、增产。150～500毫克/升药液在葡萄开花前15天全株喷洒，可提高坐果率，增加果重。50%水剂稀释成50～250倍药液在杜鹃生长初期淋土表，可使矮化、早开花。

注意事项：

① 当矮壮素作为矮化剂使用时，其栽培作物的水肥条件要好，群体有徒长趋势时使用效果好；

② 矮壮素作坐果剂时，果实的甜度会有下降，可与硼混用，既可提高产量，又不会降低含糖量；

③ 长期接触对皮肤有害，如有污染立即清洗。

2. 丁酰肼（比久、B9）

作用特点：可以抑制内源赤霉素的生物合成，也可以抑制内源生长素的合成。主要作用是抑制新枝徒长，缩短节间长度，增加叶片厚度及叶绿素含量，防止落花，促进坐果，诱导不定根的形成，刺激根系生长，提高抗寒力。

制剂：85％丁酰肼水溶性粉剂。

使用方法：主要用于果树、大豆、黄瓜、番茄及蔬菜等作物上，用作矮化剂、坐果剂、生根剂及保鲜剂等。一般使用浓度为0.1％～0.5％。苹果树上用0.1％～0.2％药液喷雾可提早结果；桃、葡萄、李树等用0.1％～0.4％药液喷雾可促进矮壮，防止倒伏；番茄使用0.25％～0.5％药液可增加坐果率。

注意事项：

① 水肥条件越好，使用效果越好。水肥严重不足时使用，可能会导致大幅度减产。

② 比久的作用温和，当使用浓度成倍提高时，只会增加对茎生长的抑制程度，不会有杀死的危险。

3. 多效唑（氯丁唑、 PP333）

作用特点：多效唑是内源赤霉素合成的抑制剂，可明显减弱顶端生长优势，促进侧芽滋生，茎变粗，使植株矮化紧凑；能增加叶绿素蛋白质和核酸的含量；可降低植物体内赤霉素物质的含量，还可降低吲哚乙酸的含量和增加乙烯的释放量。多效唑主要通过根系吸收而起作用。自叶吸收的量少，不足以引起形态变化，但能增产。

制剂：25％多效唑乳油、15％多效唑可湿性粉剂。

使用方法：适用于谷类，特别是水稻田，对连作晚稻有控长促蘖，培育壮苗，防止倒伏，增穗增产作用。也可用于大豆、棉花、花卉，还可用于桃、梨、苹果等果树的控梢保果，使树型矮化。多效唑处理的菊花、一品红以及一些观赏灌木，株型明显受到调整，更具有观赏价值。对大棚蔬菜如番茄、黄瓜等也有明显作用。主要以常量喷雾法使用，移栽油菜培育矮壮苗在苗床3叶期，每公顷用15％多效唑可湿性粉剂450～750克，兑水600公斤喷雾。小麦在播种时，用15％多效唑可湿性粉剂225～300克（麦种约150公斤）掺等量水拌种处理，出苗整齐健壮。拔节期用10～50克加水50公斤喷雾处理可防止倒伏。

注意事项：

① 多效唑施药田收获后必须耕翻，以防止对后茬作物有抑制作用；

② 一般情况下，使用多效唑不易产生药害，若用量过高、秧苗抑制过度时，可增施氮肥或赤霉素；

③ 长势强的作物品种需多施药，长势弱的作物品种少施药；

④ 温度高时多施药，反之少施。

（三）植物生长抑制剂

1. 氟节胺（抑芽敏）

作用特点：本品为接触兼局部内吸型高效烟草腋芽抑制剂。主要抑制烟草腋芽发生直至收获。作用迅速，吸收快，施药后只要两小时无雨即可奏效，雨季中施药方便。药剂接触完全伸展的烟叶不产生药害。对预防花叶病有一定作用。

制剂：25％氟节胺乳油。

使用方法：烟草抑制腋芽生长用量为 10 毫克/株，每公顷用 25％氟节胺乳油 900～1050 毫升，采用杯淋法、涂抹法或喷雾法均可。

2. 抑芽丹（青鲜素）

作用特点：从植物的根部或叶面吸入，由木质部和韧皮部传导至植株体内，通过阻止细胞分裂，从而抑制植物生长。抑制程度依剂量和作物生长阶段而不同。

制剂：30.2％抑芽丹水剂。

使用方法：烟草抑制腋芽生长用 40～50 倍液杯淋。

第三部分
农药的科学合理使用

一、掌握有害生物个体的生物学特性

农药是一类生物毒药。但是毒药如何作用于有害生物，在什么条件下才能最有效地控制病虫等有害生物的危害，与有害生物体的生存状态和生存条件有密切关系，并同生物的行为和习性有关。每一种生物都会有些薄弱的环节，容易遭到外界因子（包括农药）的袭击或干扰，而使其生命的延续受到威胁。了解并掌握这些薄弱环节，对于科学、正确地使用农药具有重要的指导意义。

（一）害虫的生物学特性

昆虫是变态动物，从卵到成虫要经过几个阶段的体形变化，对于化学防治来说，重要的是昆虫变态的各阶段对农药的敏感程度不同。一般，昆虫的卵和蛹两个阶段对农药最不敏感。卵壳和蛹壳对昆虫有机体有较强的保护作用。另外，卵和蛹均处于一种休眠或活动很弱的状态，所以杀虫剂对于卵和蛹的杀伤力都很小或没有杀伤作用。许多害虫的卵和蛹都处在比较隐蔽的处所，因此，更不容易受到药剂的袭击。但也有某些杀虫剂兼具杀卵作用。

昆虫最容易被杀虫剂毒杀的阶段是幼虫（或若虫）阶段和成虫阶段。这两个阶段，昆虫要进行十分活跃的取食和迁移等活动。因此，同杀虫剂的接触机会很多。幼虫和成虫的生理生化活动也十分活跃，很容易受到杀虫剂的作用。

1. 幼虫

(1) 幼虫和蜕皮

昆虫的幼虫一般可以分为3～6个龄期不等。一般来说，随着龄期的增长，幼虫对杀虫剂的中毒反应也逐渐减弱，所以老龄幼虫较难杀死或者需要较大的药量才能杀死。

幼虫变换龄期是通过蜕皮来完成的。在蜕皮进行过程中，幼虫对药剂的敏感性显著减弱。因为在老的体壁下面产生一层蜕皮液，对农药起了隔离作用；同时，幼虫在蜕皮时停止了取食活动，药剂不能通过昆虫的口器被摄入。但是当蜕皮完成以后，新蜕出的幼虫对药剂的敏感度又会迅速提高。因为新形成的体壁比较容易吸收药剂，而且新生幼虫的取食增加很多，所以通过取食而摄入的药量也较多，从而容易中毒。

(2) 幼虫躯体上容易接受药剂作用的部位

幼虫接受杀虫剂的作用主要通过3个部位：口器、体壁、气孔。

口器：是幼虫取食的器官。农业害虫中主要的口器类型有两类：一类是咀嚼式口器，是用口器咬碎植物叶片或茎秆而取得食物。对于此类咀嚼式口器的害虫，让杀虫剂同植物一同被害虫摄入，是一种有效的方法。此种毒杀方式称为胃毒杀虫作用。当然，此类药剂必须能在害虫的消化道内起致毒作用才会有效。另一类是刺吸式口器，是以针状口器插入作物体内而吸取植物体内的养分、汁液。这类害虫只能通过吸取已进入作物体内的内吸杀虫剂，或者通过体壁与沾在体壁上的药剂相接触而发生接触杀虫作用。熏蒸杀虫剂虽然能起作用，但典型的熏蒸杀虫剂一般不在农田使用，只用于有密闭条件的场所，如仓库、大棚等。但对矮型的果树在塑料膜覆罩下进行熏蒸杀虫，是成功的。目前主要是用触杀、内吸剂防治刺吸式口器的害虫，包括螨类。当然，触杀剂对于咀嚼式口器的害虫也同样是有效的。所以杀虫剂中，触杀剂的适用范围最广、种类最多，使用也最普遍。

体壁：在幼虫体壁上布满了各种形式的感受器，因为昆虫是外骨骼动物。在各种感受器中，化学感受器是对农药反应最强的一类。它分布在昆虫的触角、唇须、足的跗节等部位。幼虫在活动过程中依靠这些部位的化学感受器来接受各种化学刺激并判断取食的食物等。

幼虫躯体上的其他感受器官也是对农药敏感的部位。许多神经系统毒剂，很容易从这些部位迅速进入神经系统，而产生致毒作用。

气孔：幼虫体躯两侧的气孔当然也是容易接受药剂的部位。体躯每一节的两侧各有一个气孔。但是药剂通过气孔进入虫体，最适宜的状态是气态（熏蒸剂）。不过农药只要有较强的汽化能力就能够发挥熏蒸作用。例如敌敌畏等，都有一定的汽化能力，所以都能产生熏蒸杀虫作用。

昆虫的幼虫躯体分为十多个体段，称为节。节与节之间是一层较柔软的膜，称为节间膜。这里很容易被农药渗透。

(3) 幼虫的习性

幼虫的习性变化多端，这些习性同农药的正确使用关系很密切。例如潜叶蝇类害虫，幼虫潜入叶表皮下面为害叶肉部分，钻出许多像隧道一样的孔道。这时候，叶面喷施的杀虫剂一般都不易发挥作用。玉米螟幼虫在玉米喇叭口内潜伏为害，一般的喷雾方法或喷粉法都不能发挥作用，但撒施颗粒剂却能奏效。水稻螟虫、食心虫等许多害虫的幼虫都具有一些特殊的行为和习性。所以，对于不同的害虫必须仔细了解和掌握其行为特征，然后选择适宜的施药方法。

2. 成虫

昆虫的成虫形态和行为的差异很大。如鞘翅目、鳞翅目、直翅目、同翅目等重要的农业害虫类群形态迥然不同，行为和习性也各有特点。鞘翅目、直翅目的各种害虫都是咀嚼式口器；而鳞翅目的害虫只是幼虫阶段是咀嚼式口器，成虫则是虹吸式口器。同翅目害虫如各种蚜虫，各个阶段的虫态都是刺吸式口器，并且都为害。其他种目昆虫也均各有其特征。

成虫的躯体表面上也分布着各种感受器官，包括感觉器和化学感受器。成虫的一对触角上密布着许多此类感受器官。

许多昆虫的成虫阶段都有趋光性，这是利用灯光诱杀的依据。对许多鳞翅目成虫采取糖醋诱杀的方法，则是利用它们对糖醋液的趋化性。

许多害虫的成虫也有群集性。水稻螟虫的成虫白天潜伏在水稻丛中，夜间则群集飞行在田间植株上方。这种行为可以被利用来提高防治效率。所以，了解害虫的生活习性和特殊行为，必定会使农药的使用技术更为科学。

（二）病原菌的生物学特性

植物病原菌是一类微生物。从病原菌对农作物发生危害的历程来考察，各种病原菌入侵的部位和病害的扩展方式不同。

1. 土传病害

有些病害是由于土壤传播的病原菌引起的，如立枯病、枯萎病、线虫病等病害。对于这类病害，在作物叶部或茎秆上喷药都不起作用，虽然对土壤施药、热力消毒等办法耗费的热能和农药往往很多，但只有这些方法才奏效。有些土传病害也可采取处理种子的方法来防治，如小麦秆黑粉病等。

2. 种传病害

种子带菌传有三种情况：第一种是种子表面带菌，如小麦散黑穗病、赤霉病、根腐病、水稻恶苗病、大豆灰斑病、玉米黑穗病等，这种病害是系统侵染的病害，但是可以用药剂处理种子有效地加以防治。第二种是病原菌以菌丝形式潜伏在种子内，在种子发芽时病原菌也同时萌动，也可用处理种子的办法或浸种法防治。第三种是在种子上带菌，土壤中的病残组织上也带菌，如菜豆炭疽病、茄子褐纹病等，这类病害要根据其发生的实际情况，在种子处理以外进行必要的植株喷药防治。

3. 叶部侵染病害

这一类病害大多可以采用叶面喷洒来进行化学防治。但是必须明确，杀菌剂中有些是保护性的，有些是内吸治疗性的。要根据病害侵染扩展的特点采取适当的方式，使用这些作用不同的杀菌剂。例如用百菌清防治黄瓜霜霉病，在病害发生以后喷洒，对已经出现的霜霉病斑并不能发挥治疗作用；但是对于尚未发病的部分仍能发挥保护作用。如果施用瑞毒霉，则有内吸治疗效果，能抑制病斑继续扩大。所以在选用杀菌剂时应详细了解药剂的作用方式和病害的发生发展规律，选定适宜的施药方法和时机。有一些病害的防治时间很严格，如小麦赤霉病，病原菌是在小麦开花期从花器入侵的，入侵的时间很短，但一旦入侵造成的损失却很严重，因为它直接危害了小麦花期结实。这种病原菌入侵时又要求天气阴湿，所以小麦赤霉病往往在阴雨天气时发生。这种特殊的天气条件加上病原菌入侵时间的短暂，使防治工作非常紧迫。如果不能严格地掌握这一特点，防治工作往往不能获得成效。这一病害的有效防治时期是始花期至盛花期之间这一段时间。

所以病害的防治必须根据病情预测预报及时进行，决不可等到病害发生以后再进行，即便是选用了效果很好的内吸治疗性杀菌剂，此时，作物已经受到一定程度的损害了。

（三）杂草的生物学特性

从生物学的角度讲，除草剂的使用要比杀虫剂和杀菌剂的使用更为复杂。许多重要的杂草实际上与农作物属于同一类，它们在分类上十分接近，在生理生化特性上也非常相似。因此如何使除草剂仅仅对杂草发生作用而不影响作物的生长和发育，就成为除草剂使用中一个很突出的问题。

① 掌握农田杂草的种类。一般分旱田和水田两大类杂草群落。其杂草种类又分一年生杂草和多年生杂草以及单子叶杂草和阔叶杂草。不同地域、不同田块，水旱田杂草的种类也不同。应掌握农田杂草的主要种群，选择适宜的除草剂。

② 掌握农田杂草的发生时期和生长规律。例如黑龙江省地形十分复杂，有山地、丘陵、漫岗和平原；土壤类型也较复杂，有棕壤土、白浆土、黑土、草甸土、沼泽土等；气候温度差异较大，降雨量多少不等。这些都影响杂草的发生危害时期。因此，必须掌握当地水田和旱田各作物田块杂草的生长规律，选择适宜的除草剂，方能达到理想的防除效果。

二、农药的稀释与配制方法

除少数可以直接使用的农药制剂以外，一般农药在使用前都要经过配制才能施用。农药的配制就是把商品农药配制成可以施用的状态，例如，乳油、可湿性粉剂等本身不能直接施用，必须兑水稀释成所需要浓度的喷施液才能喷施。

农药的用量是单位面积农田里防治某种有害生物所需要的药量。农药用量是通过对药剂进行生物测定和药效试验而确定的，它的根据有三个方面。

一是有害生物对药剂的感受能力。各种有害生物以及其不同的生育阶段对药剂的感受能力有明显差别。

二是有害生物的种群密度。有害生物在农田里的繁殖速度和数量与用药量有关，种群密度越大，则需要的用药量也越高，因为每一个有害生物个体必须能接触到致死剂量才能中毒死亡。

三是作物的生长情况。农作物是药剂对有害生物发生作用的主要场所，药剂在作物上的沉积密度（即单位面积沉积量）与有害生物接触和接受药剂的机会密切相关。作物的叶面积随着作物的生长而增加。叶面积指数一般可达 2～8 不等，即每亩田间作物的叶面积总和等于土地面积的 2～8 倍。所以，为了保证单位面积内的有效沉积密度，随着作物生长量增大，用药量也应相应地增大。用药量实质上就是保证达到有效地控制有害生物所需的沉积密度的喷洒药量，随着叶片长大而使叶面上的沉积密度变小的现象，称为“生物稀释”现象。

农药配制一般要经过农药和配料取用量的计算、量取、混合等几个步骤，正确地配制农药是安全、合理使用农药的一个重要环节。

（一）计算农药和配料的取用量

农药制剂取用量要根据其制剂有效成分的百分含量、单位面积的有效成分用量和施药面积来计算。商品农药的标签和说明书中一般均标明了制剂的有效成分含量、单位面积上有效成分用量，有的还标明了制剂用量或稀释倍数。所以，要准确计算农药制剂和配料取用量，首先要仔细、认真阅读农药标签和说明书。

① 如果农药标签或说明书上已注明单位面积上的农药制剂用量，可以用下式计算制剂用量：

农药制剂用量（毫升或克）＝每亩农药制剂用量（毫升或克）×施药面积（亩）

② 如果农药标签上只有单位面积上的有效成分用量，其制剂量可以用下式计算：

$$\text{农药制剂用量（毫升或克）}=\frac{\text{每亩农药制剂用量（毫升或克）}}{\text{制剂有效成分百分含量（100\%）}}\times\text{施药面积（亩）}$$

③ 如果已知农药制剂要稀释的倍数，可通过下式计算农药制剂用量：

$$\text{农药制剂用量（毫升或克）}=\frac{\text{要配制的药液量或喷雾器容量（毫升）}}{\text{稀释倍数}}$$

（二）安全、准确地配制农药

使用农药前应仔细看商品标签和说明书，一方面为了判明农药种类，另一方面为了弄清有效成分含量，同时掌握好使用方法。农药的取用量即可根据标明的含量来计算决定。

有些用户是根据农药制剂的重量直接量取，而不是根据制剂的有效成分含量来量取。这样容易发生差错，因为有些农药有几种不同的含量规格，如敌百虫有80%和95%的可溶性粉剂，敌敌畏有50%、75%、80%等多种规格。如果不注意通过查看标明的含量来计算取用量，往往容易出错。

配制农药所用的配料（稀释剂）最常用的是水。当农药用量确定后，水的取用量同喷雾量有关。这里最容易出的差错是预期喷雾量和实际喷雾量不一致，从而导致用药量发生变化。例如，预期每亩用药量为50克，喷雾量为5升水，配制成药液后，结果不够喷或药液有多余而喷到这块地以外去了，就会导致用药量额外增加或一部分田块受药少而另一部分受药多。所以配料水的用量要根据田间作物生长状况来仔细确定。这种情况同使用人员的实践经验也有关系。所以，在没有经验的情况下应先进行喷雾量试验（用清水进行），直到基本掌握了喷雾量的控制。

用水量的多少直接影响药液的浓度，而浓度的大小则会影响作物对药液的忍受能力，有些作物的药剂忍受能力较差，容易发生药害，因此应特别重视。浓度的变化也会影响病虫与药剂的接触机会和中毒程度。所以对于稀释用水的用量也应加以认真计算和仔细量取，不能随意多加或少用。特别是采用低容量喷雾法时，用水量少、药液浓度大，水量加大或减少对浓度的变化影响尤为显著，应特别注意。

两步配制法：先用少量水把可湿性粉剂调成浓稠母液，然后再稀释到所需浓度。这种方法可保证药剂在水中分散均匀。因为可湿性粉剂如质量不是很好，粉粒往往团聚在一起成为粗的团粒。如果直接投入药水箱中一次配成，则粗团粒尚未充分分散随即沉入水底，此时再进行搅拌就很困难。因此，先用少量水配成较浓稠的母液，进行充分搅拌，由于湿润剂的浓度也较大，这很有利于粉粒分散，然后再倒入药水桶中进行最后稀释。采取此法时的计量程序要注意，即两步配制时，所用的水量应等于所需用水的总水量。不可先把总需水量计量好以后，另外再取水做第一步母液配制，否则配成的喷雾液浓度就会降低。

为了准确、安全地进行农药配制，应注意以下几点：

① 不能用瓶盖倒药或用水桶配药；不能用盛药水的桶直接下沟、河取水；不能用手和胳膊伸入药液或粉剂中搅拌。

② 在开启农药包装、称量配制时，操作人员应戴用必要的防护器具。

③ 配制人员必须经专业培训，掌握必要技术和熟悉所用的农药性能。

④ 孕妇、哺乳期妇女不能参与配药。

⑤ 农药称量、配药应根据药品性质和用量进行，防止溅洒、散落。

⑥ 配制农药应在离住宅区、牲畜栏和水源远的场所进行，药剂随配随用，已配好的应尽可能采取密封措施，开装后余下的农药应封闭在原包装内，不得转移到其他包装（如喝水用的瓶子或盛食品的包装）中。

⑦ 配药器械一般要求专用，每次用后要洗净，不得在河流、小溪、井边冲洗。

⑧ 处理粉剂和可湿性粉剂时要小心，以防止粉尘飞扬；如果要倒完整袋可湿性粉剂农药，应将口袋开口处尽量接近水面，站在上风处，避免让粉尘和飞扬物随风吹走。

⑨ 喷雾器不得装得太满，以免药液泄漏，当天配制好的药，当天用完。

三、农药的混用

（一）农药混配的效能

1. 相加作用

相加作用指两种或多种有效成分混合后进行防治所产生控害效应是这几种

药剂的作用之和，是通常药剂混用所预期的控害效能。混用时应采取“常量混用”，即不改变混用药剂的常规使用浓度。相加作用具体体现为：

① 能扩大防治对象。在生产中农户进行多种药剂混配往往都是为了实现一次用药防治多种病虫草害的目的，甚至还与肥料进行混用同时补充植物所需要的营养元素。如在大棚西瓜伸蔓期出现蔓枯病、疫病、潜叶蝇混发，则可选择10%苯醚甲环唑可分散粒剂＋60%氟吗·锰锌可湿性粉剂＋75%灭蝇胺可湿性粉剂＋叶面肥进行喷雾防治，既可同时防治蔓枯病、疫病和潜叶蝇，又可达到促根壮苗的效果。

② 能扩大防治虫态。一般害（昆）虫都需要经历卵、幼虫（若虫）、蛹（伪蛹）、成虫等几个发育阶段，但许多杀虫剂往往仅对其中一个虫态有杀灭效果，而如果能扩大防治虫态则可大幅度提高防治效果。如在使用“哒螨灵”防治柑橘红蜘蛛时仅仅对成螨有防效，而如果加入噻螨酮或矿物油则可同时杀灭红蜘蛛的卵，从而提高防效、延长持效。

③ 能速效加长效。各种防治药剂都具有各自的优势，如单用噻嗪酮（扑虱灵）在防治粉虱等害虫时具有作用速度慢但持效期长的特点，因此在生产中可选择与菊酯类（如高效氯氰菊酯等）、氨基甲酸酯类（如速灭威等）或有机磷类（如敌敌畏等）进行混用，既可提高对害虫的击倒速度，又可延长对害虫的控制时间。

④ 能治疗加保护。防治病害时首先应以预防为主，且在病害发生高峰期往往采用治疗性杀菌剂＋保护性杀菌剂相结合进行防治，通过增加对病原菌的作用位点从而有效延缓对防治药剂抗药性的产生，并同时达到保护和治疗的双重目的。如锰锌·氟吗啉（防治霜霉病、疫病）就是用保护剂代森锰锌和治疗剂氟吗啉复配而成。

2. 增效作用

增效作用指两种有效成分混合使用后所产生的控害效应大于该两种有效成分单独作用之和，是药剂混用更经济有效的控害效能。混用时应采取“减量混用”方式，即相应降低混用药剂的使用浓度（用量）。如矿物油类与绝大多数化学药剂进行混用均有明显的增效作用，混用后所达到的防治效果和药剂持效期却远远超过两种药剂常用浓度单独使用的效果。再如，施药者通过添加一些农药助剂（如有机硅表面活性剂等）来改善药剂在作物体上的附着、展布或渗透（吸收）作用，从而减少药剂损耗，提高利用率，增加防效。

（二）农药混合使用的技术要求

1. 保证混用药剂有效成分的稳定性

主要包括以下三方面：

首先，注意混用药剂有效成分之间不应存在物理化学反应。如石硫合剂与铜制剂混用就会发生硫化反应生成有害的硫化铜。再如多数氨基甲酸酯类、有机磷类、菊酯类农药与波尔多液、石硫合剂混用会发生分解。

其次，注意混用后酸碱性的变化对有效成分稳定性无影响。多数农药对碱性条件比较敏感，一般不能与强碱性农药混用，反之一般碱性农药不建议与酸性农药混用；另外，部分农药（如高效氯氰菊酯、高效氟氯氰菊酯等）一般只在很窄的 pH 值范围（4～6）内稳定，不适合与任何过酸或过碱性药剂混用。

最后，值得注意的是大多数农药品种不宜与含金属离子的药剂混用。如甲基硫菌灵与铜制剂混用则会失去活性。

2. 保证混用后药液良好的物理性状

任何农药制剂加工一般只考虑该制剂单独使用的物理性状标准，而不可能保证该药剂与其他各种药剂混用后各项技术指标的稳定。因此，药剂混用后应注意观察是否出现分层、浮油、沉淀、结块以及乳液破乳现象，避免出现降低药效甚至发生药害事故。

3. 保证有效成分的生物活性不降低

某些药剂作用机制相反，两者相互混用则会产生拮抗作用，从而使药效降低甚至失效。如啶虫隆、氟虫脲等昆虫几丁质合成抑制剂（阻碍蜕皮）不能与虫酰肼等昆虫生长调节剂（促进蜕皮）进行混用。

4. 保证混用后对人畜、有益生物及作物安全，药液浓度在农作物承受范围之内

多种药剂混用直接造成药液整体浓度提高，特别是在高温季节则大幅度增加药害的可能性。部分农户混用药剂甚至多达六七种之多，有的甚至将相同有效成分的药剂进行混用则很可能出现药害现象。

（三）农药的混合调制

1. 液态制剂的混合调制方法

这是农药使用中经常要做的事。一般来说，只要掌握好药剂的性质，参照有关资料即可进行混合配制。但由于还有不少农药的剂型尚未标准化或产品质量不合格，在实际混配时仍会出现问题，因此还必须试验才行。

另外，有一些比较特殊的情况，在混合配制时应注意操作程序。

一种是碱性药物与易在碱性条件下分解的药物混合：有一些是允许临时混合、随配随用的。例如石硫合剂是最常用的一种碱性药剂，它与敌百虫可以随配随用。但在配制时要注意几点：①两种药必须分别先配制等量的药液，这时应把浓度各提高1倍，这样当两液相混时，在混合液中的浓度刚好达到最初的要求。②混合时应把碱性药液（石硫合剂）倒入敌百虫水溶液中，同时进行迅速搅拌。这样，混合液的氢离子浓度降低（即pH值增加）比较缓慢。③敌百虫的结晶容易结块，比较难溶，往往需要用热水或加温来促使其溶解，这样得到的溶液是热溶液，必须使它充分冷却之后再与石硫合剂溶液混合，因为敌百虫的碱性分解在受热的情况下速度显著加快。碱性药剂较常用的还有波尔多液以及松脂合剂等。松脂合剂的碱性更强。

另一种是浓悬浮液的使用：几乎没有一种浓悬浮剂不存在沉淀现象，即在存放过程中上层逐渐变稀而下层变浓稠，有些还出现结块现象。因此使用此种制剂配制药液时，必须采取两步配制法，第一步必须保证浓悬浮剂形成均匀扩散液。在搅拌浓悬浮剂沉淀物时，如果整瓶药要一次用完，可以用水帮助冲洗。但如一次用不完整瓶药，则必须用棒或其他机械办法把沉淀物彻底搅开，并彻底搅匀后取用。否则，先取的药含量低而剩余的药含量增高，使用时就会发生差错。这一点在使用中必须十分注意。

还有一种是可溶性粉剂的使用：可溶性粉剂都能溶于水，但溶解的速度有快有慢。所以不能把可溶性粉剂一次投入水中，也不能直接投入已配制好的另一种农药的药液中，必须采取两步法，即先配小水量的可溶性粉剂溶液，再稀释到所需的浓度；或先配成可溶性粉剂的溶液，再与另一种农药的喷雾液相混合。

这种两步配药法不仅对一些特别的剂型比较有利，在田间作业量大，需要反复多次配药时，此法还有利于准确取药和减少接触原药而发生中毒的危险。

2. 粉剂的混合配制方法

粉剂的混合，如没有专门的器具，比液态制剂更难以混合均匀。用户如需进行较大量的粉剂混合，最好用专门的混合机械，这种器械必须能加以密闭，使粉尘不易飞扬，比较安全，混合效果也好。

进行少量粉剂混合，可采用塑料袋内混合，先用密封性能良好的比较结实的塑料袋，把所需混合的粉剂分别称量好以后放入袋内，把袋口扎紧封死。注意袋内留出约1/3的空间。把塑料袋平放在地上，从不同方向加以揉动，使袋内粉体反复流动，使粉剂得到充分混合。如果在露地上用锹拌和，很难做到混合均匀，而且粉尘飞扬，危险性很大。

3. 农药混合的顺序

一般的先后顺序为微肥→水溶肥→可湿性粉剂→水分散粒剂→悬浮剂→微乳剂→水乳剂→水剂→乳油。并且，在配制时应先放水，之后再加入药物，每次加入一种药剂之后，都要搅拌均匀，之后才能继续添加另一种药物。注意，配制的药物要尽快使用，不要存放。

（四）农药混合使用时的用药量计算

混合使用时，各组农药的取用量须分别计算，而水的用量则合在一起计算。例如，要用百菌清可湿性粉剂与螨克乳油混合兼治黄瓜霜霉病和茶黄螨，两种农药的取用量分别计算，各需 100 克和 10 克有效成分，应取 75%百菌清可湿性粉剂 133.3 克和 20%螨克乳油 50 克。如用常用的喷雾器亩用水量是 75 升，则把上述两农药同时配加在 75 升水中即可（顺序应先加可湿性粉剂再加入乳油），此时两种药剂的浓度分别为 0.133%和 0.013%。如果先把两种农药分别配成 0.133%和 0.013%浓度的药液，然后再混合到一起，最后两种药的浓度就会各降低一半，它们的浓度分别是 0.067%和 0.0067%。这样的药液使用的效果就会很差，甚至无效。

四、农药的毒性及预防

（一）农药的毒性

农药的毒性是指农药对高等动物所具有的毒害作用和程度。农药是对人畜有毒害作用的化学物质，人们在从事农药的研究、生产、运输、储存及使用的各个环节中，都要严格遵守国家有关农药的管理法规，否则，就有可能引起人畜中毒或死亡事故的发生。要预防农药中毒事故的发生，就必须对农药的毒性有全面的认识和了解。

1. 农药毒性程度的表示方法

衡量或表示农药毒性的程度，最常用的是致死中量（LD_{50}）或致死中浓度（LC_{50}），即以小白鼠等作为供试动物，测出使 50%个体死亡所需要的剂量或浓度，即为致死中量或致死中浓度，单位为毫克/千克、毫克/米^3（或毫克/升）。一种农药的 LD_{50} 数值越大，则毒性越低；数值越小，毒性越大。了解各种农药的毒性值，可以比较各种农药对人畜毒性的大小，为农药研制、生产或使用者制定安全操作措施提供科学依据。

2. 农药的毒性分级

为了便于比较农药的毒性程度，必须将农药的毒性进行分级。目前，世界各国对农药毒性的分级常以农药经口、经皮、经呼吸道 3 个方面的致死中量（LD_{50}）作为分级依据，至于分为几个等级，各国不尽一致。我国暂定采用如下的分级法，即将各种农药分为剧毒、高毒、中等毒、低毒、微毒 5 个等级（见表 3-1）。

表 3-1　中国农药急性毒性的分级标准

毒性分级	经口半数致死量 LD_{50}/（毫克/千克）	经皮半数致死量 LD_{50}/（毫克/千克）	吸入半数致死浓度 LC_{50}/（毫克/米^3）
剧毒	≤5	≤20	≤20
高毒	5～50	20～200	20～200
中等毒	50～500	200～2000	200～2000
低毒	500～5000	2000～5000	2000～5000
微毒	＞5000	＞5000	＞5000

农药标签上标明的农药毒性是按照农药产品本身的毒性级别来标示的，反映了该产品本身的毒性，但当农药产品的毒性级别与其所使用的原药毒性不一致时，应在产品的毒性级别标示后用括号注明原药的毒性级别。当产品中含有多种农药成分时，应在括号中注明该产品中所含原药毒性最高的这种成分的毒性级别，以引起生产、经营和使用者的注意。

高毒农药只要接触极少量就会引起中毒或死亡。中等毒、低毒农药虽比高毒农药的毒性低，但接触多、抢救不及时也会造成死亡。

农药最高残留量英文缩写为 MRL，为在农产品中农药残留的法定最高浓度，又称最高残留限量，以每千克农产品中农药残留的质量（毫克/千克）表示，亦称允许残留量。

（二）农药毒性的预防

在农药的运输、保管和使用过程中，要认真学习农药安全使用的有关规定，采取相应的预防措施，防止农药中毒事故的发生。

1. 农药搬运中的预防措施

① 在搬运前，首先要检查包装是否完好，发现破损要重新包装好，防止农药渗透或沾染皮肤。

② 在搬运过程中和搬运之后，要及时洗净手、脸和被污染的皮肤、衣物等。

③ 在运输农药时，不得与粮食、瓜果、蔬菜等食物和日用品混合装载，运输人员不得坐在农药的包装物上。

2. 农药保管中的预防措施

① 保管剧毒农药，要有专用库或专用柜并加锁；绝对不能和食物、饲料及日用品混放在一起。

② 保管要指定专人负责，要建立农药档案，出入库要登记和办理审批手续。

③ 仓库门窗要牢固，通风透气条件要好；库房内不要太低洼，严防雨天进水和受潮。

3. 农药施药过程中的预防措施

① 检查药械有无漏水、漏粉现象，性能是否正常；发现有损坏或工作性能不好，必须修好后才能使用。

② 配药和拌种时要有专人负责，在露天上风处操作，以防吸入毒气或药粉；配药时，应该用量筒、量杯、带橡皮头的吸管量取药液；拌种时必须用工具翻拌，严禁直接用手操作。

③ 配药和施药人员要选身体健康的青壮年，凡年老多病、少年和“三期”（即月经期、孕期和哺乳期）妇女不能参加施药工作。

④ 在施药时，要穿戴好工作服、口罩、鞋帽、手套、袜子等，尽量不使皮肤外露。

⑤ 在施药过程中禁止吸烟、喝水、吃东西，禁止用手擦脸、揉眼睛。

⑥ 施用药的田块要做好标记，禁止人、畜进入；对施药后剩余的药液等，要妥善处理；对播种后剩余的药种，严禁人、畜食用。

⑦ 施药结束后，必须用肥皂洗净手和脸，最好用肥皂洗澡。

⑧ 用过的药箱、药袋、药瓶等，应集中专人保管或深埋销毁，严禁用来盛装食品。

五、抗药性的发生与预防

随着近代农药的广泛使用，有害生物的抗药性已经成为当前化学防治中的一个突出问题，迄今为止至少已有500多种昆虫及螨类、150多种植物病原菌、180多种杂草生物型产生了抗药性。因此，了解有害生物的抗药性机理及抗药性治理对策，对于科学使用农药及研制开发新农药都具有十分重要的意义。

（一）昆虫的抗药性及其治理对策

1. 昆虫抗药性的概念

昆虫的抗药性是指昆虫具有忍受杀死正常种群大部分个体的药量的能力，在其种群中发展起来的现象。昆虫的抗药性是由于在一地区连续使用同一种农药引起的。抗药性一般是通过比较抗性品系和敏感品系的半数致死浓度或致死剂量来确定的。对农业害虫来说，如果倍数提高了 5 倍以上，一般说已产生了抗药性。倍数越大，抗药性程度越大。

2. 昆虫抗药性的类型

（1）自然抗药性或耐药性

这是由于生物种的不同或是同一个种发育阶段不同、生理状态不同、环境条件不同，或具有特殊的行为，而对药剂产生不同的耐力。自然抗药性在昆虫中是非常普遍的。

（2）获得抗药性

即通常所说的抗药性，是由于在一定地区连续使用同一种农药而引起的昆虫对药剂抵抗力的提高，从而形成的抗药性。如棉蚜对溴氰菊酯产生的抗药性等。

（3）交互抗性

是指一种害虫对某种药剂产生抗药性后，同时对另外未使用过的药剂也具有抗性的现象。化学结构相似或作用机制相近的药剂间往往存在交互抗性。如抗溴氰菊酯的棉蚜对其它多种拟除虫菊酯类农药都有抗药性。

（4）负交互抗性

一种害虫对某种药剂产生抗性后，对另外一种未使用过的药剂更为敏感的现象。轮换使用具有负交互抗性的药剂，是进行害虫抗性治理的有效办法。如抗有机磷类农药的黑尾叶蝉对拟除虫菊酯类农药更加敏感。但目前具有负交互抗性的药剂很少。

（5）多种抗性或复合抗性

是指一种昆虫同时对几种不同作用机制的药剂都产生抗性的现象。这种现象往往是由于在一地区同时连续使用几种不同类型的杀虫剂而造成的。据统计，当前具有多种抗性的害虫广泛分布于至少 9 目 43 科的昆虫中。据了解，目前对有机氯、有机磷和氨基甲酸酯类杀虫剂产生多种抗性的昆虫有棉铃虫、小菜蛾、玉米螟等。

3. 昆虫抗药性的机制

根据昆虫对杀虫剂的反应，抗药性产生的机制一般可分为行为机制和生理机制两种。行为机制是指昆虫受到药剂刺激后，改变了原来某些行为习性，从而避免或减少了药剂的接触。生理机制主要包括穿透性降低、靶标部位敏感性降低和解毒代谢的增强。

（1）药剂穿透性降低

根据不同的施药方式，杀虫剂穿透昆虫表皮、肠道或气管，经吸收、运输、分布和储存，最后到达靶标部位而起作用。在一些抗性昆虫品系中，已发现杀虫剂的穿透率下降。如氰戊菊酯对抗性棉铃虫幼虫体壁的穿透率明显较敏感棉铃虫低，敌百虫对抗性淡色库蚊的表皮穿透率也有所下降。如果表皮穿透性的降低与昆虫的解毒代谢机制结合在一起时，则害虫的抗性可明显提高。

（2）靶标部位敏感性降低

靶标部位敏感性降低主要包括乙酰胆碱酯酶对有机磷和氨基甲酸酯类杀虫剂的敏感性降低，神经及ATP酶对拟除虫菊酯类杀虫剂的敏感性降低等。

（3）解毒代谢的增强

这是迄今为止所有抗性害虫广泛具有的抗性机制。由于昆虫体内存在的各种解毒酶的质和量的变化，导致药剂被分解或水解，失去活性。其中最常见的是多功能氧化酶。

4. 昆虫抗药性的治理对策

（1）轮换用药

在一地区轮换使用具有不同作用机制的药剂或具有负交互抗性的药剂，是延缓害虫抗药性发生发展的一项重要措施。

（2）合理混用药剂

把不同作用机制的农药混合使用或使用混制剂，不仅可延缓害虫抗药性，还可达到扩大防治对象范围，节约人力、财力、物力等多种效果。

（3）改换药剂

这是目前普遍采用的一种应对害虫抗药性的方法，如对抗乐果的棉蚜换用吡虫啉，对抗敌百虫的菜青虫换用乙基多杀菌素等。

（4）利用增效剂

使用增效剂是提高药效、克服抗性的一个有效途径。增效剂的增效主要是抑制了昆虫体内解毒酶的活性，从而增强了药剂的生物活性，提高了药效。

(5) 采用综合防治

充分利用农业防治、生物防治、物理防治、机械防治、化学防治等各种防治方法，使之互相配合，取长补短，减少了用药次数和用药量，从而达到延缓昆虫抗药性的发生发展。

(二) 植物病原菌的抗药性及其治理对策

病原菌对杀菌剂的抗性，是在20世纪60年代中期随着选择性较强的内吸性杀菌剂和农用抗生素的广泛使用以后才开始出现的。病原菌的抗性虽然还没有害虫的抗药性那么严重，但近年来发展较快，已日益引起人们的高度重视。截至目前病原菌已产生抗性的杀菌剂主要有苯菌灵、多菌灵、噻菌灵、甲基硫菌灵、甲霜灵、春雷霉素、多抗霉素、甲菌定等。

1. 病原菌的抗药性机制

从目前研究看，病原菌的抗药性机制主要包括以下几个方面：

① 药剂向菌体内的穿透能力降低。实验表明，抗性菌和敏感菌的差别主要是药剂通过菌体细胞膜的穿透能力不同。如稻瘟病病原菌对稻瘟散的抗性就是由于病原菌对药剂的通透性降低，使药剂不能到达合成蛋白质的位置所致。

② 抗性病原菌解毒能力增强。尖孢镰刀菌对五氯硝基苯的抗性，就是由于抗性菌能较快地把五氯硝基苯代谢为毒性很低的五氯苯胺和五氯甲硫基甲烷。

③ 病原菌对药剂的活化能力降低。有些杀菌剂需在菌体内经过活化后才能发挥作用。如6-氮杂尿嘧啶需转化为6-氮杂尿苷-5′-磷酸才能对乳清酸核苷磷酸脱氢酶起作用，从而抑制尿嘧啶的合成。而抗6-氮杂尿嘧啶的瓜枝孢菌，其体内的尿核苷磷酸化酶活性极低，致使6-氮杂尿嘧啶的活化作用受阻。

④ 作用部位与药剂的亲和力降低。主要是由于菌体内药剂作用点的酶发生了变化，使药剂的作用降低。如抗春雷霉素的稻瘟病病原菌，其核糖体与药剂的亲和力降低。

⑤ 补偿作用。一些杀菌剂以特异性酶为主要作用点，抗性菌通过增加酶的数量来抵抗药剂的作用，使整体代谢正常，如抗6-氮杂尿嘧啶的黄瓜疮痂芽枝霉菌，其乳清酸核苷磷酸脱氢酶的含量比敏感菌高3倍。

2. 病原菌抗药性的治理对策

同害虫的抗性治理一样，病原菌的抗性治理措施有以下几个方面：

① 采用综合防治，尽可能少用杀菌剂。

② 合理轮换使用不同作用机制的杀菌剂。

③ 合理混合使用作用机制不同的杀菌剂。

④ 利用负交互抗性药剂，如对苯并咪唑杀菌剂有负交互抗性的乙霉威的利用。

⑤ 利用增效剂。

（三）杂草的抗药性及其治理对策

近年来，随着除草剂的广泛使用，杂草对除草剂的抗性也越来越严重。据报道，目前至少有 120 多种杂草对除草剂产生了抗性，杂草产生抗性的除草剂主要有三氮苯类、联吡啶类、茅草枯和激素性除草剂等，其中以莠去津等品种的抗药性最为普遍。

杂草抗药性的治理，基本上同害虫和病原菌的抗药性治理，在重视使用农业防治、生物防治、化学防治等杂草防除技术的基础上，应注意合理轮换或混用具有不同作用机制的除草剂，以及利用增效性等。

六、植物药害及其处理

植物药害是指由于使用农药不当而引起的植物生长发育过程中所表现出的各种病态现象。

（一）植物药害的类型及症状表现

一般植物药害按症状出现的快慢可分为以下三种：

1. 急性药害

急性药害是指在施药后较短时间，即数小时至数天内出现的药害。其症状表现多为叶面、果面、嫩芽上产生的黄化、失绿、枯萎、卷叶、落叶、落果、缩节簇生等现象，重则可致全株死亡。

2. 慢性药害

慢性药害是指经过较长时间，才表现出药害症状的现象，如光合作用减弱、花芽形成及果实成熟延迟、植株矮化、畸形、果实变小、籽粒不饱满、风味色泽恶化以及作物产量降低、质量变劣等。

3. 残留型药害

这种药害的特点是施药后当季作物不发生药害，而残留在土壤中的药剂对下茬较敏感的作物产生药害。如玉米田使用莠去津除草剂后，往往对下茬油菜、豆类等作物产生药害。这种药害多在下茬作物种子发芽阶段出现，轻者根尖、芽梢等部位变褐或腐烂，影响正常生长；重者烂种烂芽，降低出苗率或完全不出苗。这种药害较难诊断，容易和肥害等混淆。可采用了解前茬作物的栽培管理情况、农药使用史及土壤测试等措施诊断，防止误诊而造成损失。

（二）引起植物产生药害的主要原因

1. 使用了不适宜的农药品种

不同植物对不同药剂所表现的耐药性差异极大（见表 3-2）。

表 3-2 对农药敏感易产生药害的作物

药物名称	药害严重，不宜使用的作物	有发生药害的可能，应注意使用的作物	备注
敌百虫	高粱、大豆	玉米、西瓜	
敌敌畏	高粱	瓜类、玉米、豆类	
杀螟松	高粱	十字花科蔬菜	
克菌丹		大豆、番茄（浓度过高时）	
百菌清	梨、柿	桃、梅（浓度过高时）	苹果幼苗施药易造成锈果
代森铵	大豆		
西维因		棉花盛花期	
辛硫磷		高粱（浓度过高时）	
毒死蜱	烟叶		
杀螟丹		十字花科蔬菜幼苗	
波尔多液	桃、李、杏、梅、柿、白菜、菜豆、莴苣、大豆、小麦		花期不能使用
石硫合剂	黄瓜、豆类、马铃薯、番茄、桃、李、葡萄	苹果（金冠）、棉花	高温时易产生药害
叶枯净		水稻（抽穗扬花期易产生药害）	
三唑酮			用量高时易产生药害
春雷霉素	大豆、藕、杉树苗		
敌稗		弱水稻秧苗	
2,4-滴类	大豆、马铃薯、瓜类、烟叶、棉花、油菜		
五氯酚钠	水稻、花生（发芽期）		花生应在发芽前使用
矮壮素	小麦（拔节期、孕穗初期）		

如高粱对杀虫剂中的敌百虫、敌敌畏等品种特别敏感，即使有少量的雾滴飘移到高粱上，也可产生严重的红叶现象。杀菌剂中的波尔多液、石硫合剂可引起桃、李的严重药害。在除草剂中，使用品种不当产生药害的现象则更为普遍。

2. 使用药剂的剂量或浓度过大

使用药剂剂量或浓度过大是导致植物产生药害的主要原因。植物对农药都有一个耐药量，如果超过这个限度，就会产生不同程度的药害，尤其是在除草剂和植物生长调节剂的使用中更应按照药剂的使用要求，严格掌握使用的剂量或浓度，否则极易产生植物药害。

3. 在植物敏感期用药

各种植物的开花期是对农药最敏感的时期之一，此时用药，易产生药害。

4. 高温、雾重及相对湿度较高时易产生药害

温度高时，植物吸收药剂及蒸腾较快，使药剂很快在叶尖、叶缘集中过多而产生药害；雾重、湿度大时，药滴分布不均匀也易出现药害。

5. 产品质量

一种情况是农药本身质量差、杂质多，使用时引起药害；同一种产品，如乙草胺，不同厂家的产品对作物的敏感性不同。另外一种情况是农药管理不当，贮藏时间过长，引起分层、沉淀、结块等现象，导致农药变质，不仅造成浪费，也容易引起药害。

6. 未清洗容器或喷雾器械

这种现象从农药生产到田间使用都会出现。这种药害事故，是最容易出现的药害之一，每年都发生多起。

7. 不合理的混用

农药混用不当，也是造成植物药害的原因之一。许多农药之间是绝对不能混用的，如敌稗和有机磷、氨基甲酸酯类杀虫剂混用会对水稻造成药害；波尔多液不但不能与石硫合剂混用，且单独使用时，二者也不能前后连用，否则就会产生药害。

8. 拌种和施药不匀

拌种和施药时如果种子着药不匀或施药不匀都会造成部分种子或植物着药量过多而导致产生药害。

9. 农药的挥发和飘移

农药在田间喷洒过程中，形成的细小雾滴或粉粒在空气中飘移以及药剂挥发形成的气体在空气中流动，对施药区邻近的敏感作物，或处于对药剂敏感阶段的作物都极易产生药害。此种现象近年来在大面积使用高剂量除草剂的地区更为普遍和严重。

（三）植物药害的预防和补救

1. 预防植物药害的措施

（1）选用适宜的药剂品种

根据药剂的性能及作物对药剂的敏感性，选用适宜的药剂品种。

（2）避开作物对农药敏感的生育期用药

一般来说，作物的花期和幼苗期对药剂比较敏感。另外，各种药剂对不同作物生育期的敏感性差异也较大，用药时也应加以注意，如用 2 甲 4 氯防除水稻田阔叶杂草，宜在水稻秧苗 5 叶期以后使用，否则易造成药害。

（3）掌握合理的用药量

作物对各种农药的耐害能力都有一定的限度，如超过忍受限度，即有可能产生药害。所以，用药时，应掌握适宜的用药量。

（4）不用伪劣或失效农药

使用伪劣农药或过期失效农药都会对作物造成药害。

（5）及时清洗施药器械

尤其是施用过除草剂的药械经过反复清洗后，才能使用，否则易产生药害。

（6）合理混合使用农药

要根据农药的性质合理混合使用农药，以避免药害现象的产生。

（7）根据作物的长势使用农药

生长势弱的作物易产生药害，应谨慎用药。

（8）根据天气条件用药

农药一般在气温高、湿度大、阳光强时易造成药害，应注意使用。使用除草剂时，有风时应暂停使用，避免对邻近作物造成药害。

2. 植物产生药害后的补救措施

施用农药 3 天内应经常查看作物生长情况，特别是施用除草剂、植物生长调节剂和辛硫磷、异稻瘟净的田块。如发现药害，应尽早采取应急措施补救，以降低药害造成的损失。

（1）喷药中和

如药害为酸性农药造成的，可撒施一些生石灰或草木灰。药害较强的还可以用1%的漂白粉液叶面喷施。对碱性农药引起的药害，可增施硫酸铵等酸性肥料。无论何种药害，叶面喷施0.1%～0.3%磷酸二氢钾溶液，或用0.3%尿素液+0.2%磷酸二氢钾液混喷，均可显著降低药害造成的损失。

（2）喷水淋洗

如叶面和植株喷洒后引起药害，发现及时，可迅速使用大量清水喷洒受害叶面，反复喷洒2～3次，并中耕松土，促进根系发育，以增强作物恢复能力。

（3）排水灌水补救

对一些除草剂引起的药害，适当排灌可减轻药害程度。如扑草净引起的药害，在初期立即排换田水，以后采用间歇排灌等措施，可缓解或减轻药害。

（4）施肥补救

对叶面药斑、叶缘枯焦或植株黄化等症状的药害，可喷施芸苔素内酯、云大120等植物生长调节剂，也可增施肥料，促进植株恢复生长。

（5）喷施激素补救

对于抑制或干扰植物生长的除草剂，在发生药害后，可喷洒赤霉素等激素类植物生长调节剂，缓解药害。作物产生药害之后，要根据农药种类和作物受害程度，采取综合性补救措施，才能更有效地减少危害。

（6）暂停使用同类药

作物上产生药害往往都是不可逆转的，补救办法也都比较被动。事先选准农药品种，严格掌握使用方法和使用浓度极为重要，这才是防止产生药害的根本所在。

第四部分

农药的安全使用

一、施药的安全防护

（一）防护工具

1. 防护服

防护服是指施药人员在居住区域能够得到且便于操作的服装，不包括农药标签上要求必须配备的特别防护设备。对防护服的要求有以下几点：

一是穿着方便、舒服，在工作中能保护操作人员的身体。

二是在从事施药作业时，防护服必须是轻装且能覆盖住身体的绝大部分，即一件长衫、一条能罩住腿的长裤、一双靴子。如喷洒高大作物时还需佩戴一顶宽檐帽。

三是不论何种材料的防护服，必须在穿着舒适的前提下尽可能厚而重。因为防护服越厚越重越能防止药液的渗透。

四是防护服不能有破损，施药结束后随即把防护服洗净。清洗时用肥皂、洗涤剂或洗涤苏打水就能去掉有机磷或氨基甲酸酯化合物，而有机氯化合物需在轻煤油中浸泡后再进行洗涤。

五是如果使用手动喷雾器械，可在防护服外套上披上塑料制成的短披肩，保护肩部，防止喷雾器渗漏造成防护服大量吸收药液。

2. 防毒面具

防毒面具一般都配带有防毒过滤器，可以保护操作人员免受剧毒粉末、烟雾的危害。根据使用情况，应定期更换防毒过滤罐。在实际使用中，防毒面具与脸部结合紧密，应定期清洗。防毒面具不适于常规的防治操作。

3. 口罩

一般采用薄纱或具有通气性能的轻质泡沫材料制成，能过滤可湿性粉剂、颗粒，减少吸入和面部皮肤的暴露，以保护面部不受污染，但不能阻止气体的通过，不能用于防止有毒气体吸入。在某些情况下，同一天的第二次喷洒需更换新的口罩，此类防护口罩没有可更换的过滤装置而且难以清洗，只能使用一次，使用后必须销毁。

4. 防护眼镜

眼镜框常用柔韧且能顺应脸型的塑料或橡皮制成，框宽大，足以覆盖使用者自身所戴的眼镜。

5. 防护手套

一般采用 PVC 或橡胶制成，在倾倒农药制剂、混合稀释药液或灌注药液时用。应该注意的是，在配制拟除虫菊酯类杀虫剂时，不能使用 PVC 手套，因为拟除虫菊酯类杀虫剂可以被 PVC 材料吸收。在接触有机溶剂时应使用橡胶手套，棉制手套也可以作为防护器材，起到一定的保护作用，但要及时洗手。密封手套应定期清洗内外两面。

6. 面罩或帽子

面罩是采用塑料制成的一种丝网，能保护面部，隔挡较大的喷射液滴，具有较好的透视性。另外，也可使用一种采用致密材料制作的帽子，有较宽的边缘以保护脸部、颈部，能经常清洗或更换。

7. 围裙

采用橡胶或 PVC 材料制成，可以挡住溅出的药液。

8. 防护靴

防护靴至少能够将小腿部完全保护起来，施药时注意防止农药进入筒靴。目前市面上销售的一种加厚超高过膝插秧专用靴，便于行走，水稻田用得较多。

（二）施药人员的个人防护

① 施药前仔细检查药械开关、接头、喷头，喷雾器中的药液不能装得太满，以免药液溢漏污染皮肤和防护衣物。喷药过程中如发生堵塞，绝对禁止用嘴吸喷头和滤网，应用牙签、草秆或水来疏通。

② 施药人员应是身体健康的青壮年，凡体弱多病者，患皮肤病及其他疾病尚未恢复健康者，哺乳期、孕期、经期的妇女，皮肤损伤未愈者不得喷药。喷药时不准带小孩到作业地点。

③ 施药人员在施药期间禁止吸烟、饮酒、喝水、吃东西，不能用手擦嘴、脸、眼睛，绝对不准互相喷射嬉闹。

④ 施药人员打药时必须戴防毒口罩，穿长袖上衣、长裤和鞋、袜。工作后要用肥皂彻底清洗手、脸并漱口。有条件的应洗澡，被农药污染的衣服要及时换洗。

⑤ 施药人员每天喷药时间一般不得超过 6 小时。使用背负式机动药械时，要两人轮换操作。连续施药 3～5 天后应停休 1 天。

⑥ 施药人员如有头痛、头昏、恶心、呕吐等症状时，应立即离开施药现场，脱去污染的衣服，漱口，擦洗手、脸和皮肤等暴露部位，及时送医院治疗。

二、农药的中毒及急救

（一）农药对人的毒性

接触农药的过程中，农药进入人体内超过了最大忍受量，就会使人的正常生理功能受到影响，出现生理失调，产生病理改变等系列现象，如激动、烦躁、痉挛、呼吸障碍、昏迷、心搏骤停、休克等症状，这就是农药中毒的现象。

1. 农药中毒的类型

以农药中毒后引起人体所受损害程度的不同可分为轻度、中度、重度中毒；以中毒快慢可分为急性中毒、亚急性中毒和慢性中毒。

（1）急性中毒

是指一些毒性较大的农药，如涕灭威等经口、皮或呼吸道进入动物体内，在短时间内（24 小时以内）就表现出中毒症状，如头晕、恶心、呕吐、抽搐、痉挛、呼吸困难、大小便失禁、神志模糊等。急性中毒发病快，中毒严重，必须抓紧时间抢救，否则就有生命危险。

（2）亚急性中毒

一般是在接触农药 48 小时内出现中毒症状，症状表现基本同急性中毒。

（3）慢性中毒

是指长期接触小剂量农药后逐渐引起内脏机能受损，阻碍正常生理代谢过程而表现出的毒害。农药进入人体后累积到一定量才表现出中毒症状，一般不易被察觉，诊断时往往被认为是其他症状。所以慢性中毒易被人们忽略，一旦发现，常常为时已晚。在日常生活中长时间食用了农药残留量超标的蔬菜、水果，饮用了被农药污染的水，或接触、吸入了杀虫剂等可能会引起累积性的慢性中毒。慢性毒性中致癌、致畸、致突变的“三致毒性”特别值得注意。

2. 农药中毒的一般症状

由于不同农药中毒作用机制不同，所以有不同的中毒症状表现，一般表现为激动、烦躁不安、疼痛、恶心呕吐、痉挛、肺水肿、脑水肿、呼吸障碍、心搏骤停、休克、昏迷等。为了尽量减轻症状和避免死亡，必须及早、尽快地采取急救措施。

（二）皮肤吸附农药的毒性及急救措施

理论上说，只要接触农药，对人体就有可能产生不良影响，当接触的农药的量超过人体耐受的限度时就产生中毒现象。最容易接触农药的人员是从事农药生产、运输、供销，以及使用农药的人群。如能通过采取各种适当的保护措施尽可能地减少与农药的接触，就可减少或避免接触农药造成的危害。

农药必须进入人体内，才能引起对人体健康的危害。许多农药制剂（几乎所有的制剂）可经人体的皮肤进入体内而被吸收，并且对接触和使用农药的农民、技术人员、农药生产和经营人员来说，农药经过皮肤被吸收是最常见的吸收途径。大部分农药经过皮肤吸收后在皮肤表面不留任何痕迹，并且大部分农药制剂在与皮肤的接触过程中都能经过完好的皮肤吸收，所以皮肤吸收是最普遍也是易被人们忽视的途径。

配制农药时药液溅洒，喷雾或喷粉时雾滴飘移，施用药剂的器械工具泄漏，或用没有戴防护用具（手套等）的手播种经药剂处理过的种子或播毒土（拌有农药的土、沙子），或手脚接触被农药污染（或农药处理过的）的田水、土壤、水渠、池塘等，农药都可经过皮肤的直接接触而被人体吸收。尤其是农药制剂为液体或油剂、浓缩型制剂时皮肤对农药吸收更快，当人体皮肤温度较高（气温高时）或皮肤正在出汗时对农药的吸收也大大加快。一旦农药溅到或通过其他方式接触到皮肤时（雾滴或粉尘飘移后留在人体手、脚或其他身体部位时），除去皮肤上的农药后，皮肤对农药的吸收便会大大减慢或立即停止。

农药接触皮肤时，经伤口、破裂皮肤和出疹皮肤的吸收量要大于经同样部位同样面积的完整皮肤的吸收量。因此，在接触农药时，对有伤口的皮肤部位要加以重点保护，应该用不透水的敷料遮盖伤口和出疹部位。每天工作之后将不透水敷料取下并换上透气的敷料。如果第二天还继续接触农药，则必须再换上不透水敷料。

经皮肤引起的中毒者，应立即脱去被污染的衣裤，迅速用温水冲洗干净，或用肥皂水冲洗（敌百虫除外，因它遇碱后变为更毒的敌敌畏），或用4%碳酸氢钠溶液冲洗。若眼内溅入农药，立即用生理盐水冲洗20次以上，然后滴入2%可的松和0.25%氯霉素眼药水，疼痛加剧者，可滴入1%～2%普鲁卡因溶液。只有为数很少的农药或其溶液不能经过完好皮肤吸收，但它们对皮肤有刺激作用或对指甲有腐蚀作用。有些农药对皮肤并没有刺激作用，沾附上往往没有感觉。因此，施药结束后，要仔细洗脸、洗手、洗头，最好要洗澡。如果皮肤大面积沾污农药而造成严重中毒时，初步处理后尽快送医院治疗。

（三）经口进入农药的毒性及急救措施

经口进入人体的农药一般在胃和肠内被吸收，从而危害身体健康。使用或接触农药的人（如农民、农业技术人员、农药经营或运输者）工作时间或工作后不洗手、脸就吃东西、饮水或吸烟，都可能摄入农药。用盛放（贮存）过农药的无标签的容器（瓶子、盒子、桶等）作为水杯等容器或贮存、盛放食物，农药就很可能随饮水或食物进入饮用者或食用者体内。误将农药当作水或其他饮料饮用，即使从味觉便立刻分辨出来，其摄入量也可能是有危险的。将已用过的或空的农药容器随便放置，儿童可能拿它们作玩具用，从而使其接触农药，进而经口进入体内。食用被农药污染了的食物或饮用被农药污染过的水，农药就会随之经口进入体内。进行以公共卫生为目的房屋内喷洒农药时，没有遮盖的食物有时可能受到污染，其剂量可能相对较低。运输或贮存时，若容器泄漏使食物受到污染，其剂量可能是高的。值得提出的是，农药对人体毒害作用的大小主要是取决于被吸收的农药量的多少。

经口引起中毒者，应尽早引吐、洗胃、导泻或对症使用解毒剂。

1. 引吐

引吐是排除毒物很重要的方法。

① 先给中毒者喝200～400毫升水，然后用干净手指或筷子等刺激咽喉呕吐。

② 用1%硫酸铜液每5分钟1匙，连用三次。

③ 用浓食盐水、肥皂水引吐。

④ 用中药胆矾3克、瓜蒂3克研成细末一次冲服。

注意事项：引吐必须在人的神志清醒时采用，人昏迷时决不能采用，以免因呕吐物进入气管造成危险，呕吐物必须留下以备检查用。

2. 洗胃

引吐后应早、快、彻底地进行洗胃，这是减少毒物在人体内存留的有效措施，洗胃前要去除假牙，根据不同农药选用不同的洗胃液。

① 神志尚清醒者，自服洗胃剂；神志不清醒者，应先插上气管导管，以保持呼吸道畅通，要防止胃内物倒流入气管，在呼吸停止时，可进行人工呼吸。

② 抽搐者应控制抽搐后再进行洗胃。

③ 服用腐蚀性农药的不宜洗胃，引吐后，口服蛋清及氢氧化铝、牛奶等以保护胃黏膜。

④ 最严重的患者不能插胃管，只能用手术剖腹造瘘洗胃，这是在万不得已时采用。

3. 导泻

毒物已进入肠内，只能用导泻的方法消除毒物。导泻剂一般不用油类泻药，尤其是苯作溶剂的农药。导泻可用硫酸钠或硫酸镁 30 克加水 200 毫升一次服用，再多饮水加快导泻。

有机磷农药重度中毒，呼吸受到抑制时，不能用硫酸镁导泻，避免镁离子大量吸收加重呼吸抑制。硫化锌中毒也不能用硫酸镁。

（四）经呼吸吸入农药的毒性及急救措施

若农药呈气体或蒸气状态悬浮于空气中，或农药颗粒悬浮于空气中时，可随人呼吸的空气进入肺内。农药一旦进入肺内，可迅速被吸收。微细的农药粉尘或气溶胶能随呼吸空气进入肺内，但只有很细小的粒子才能到达肺泡内。

当吸入雾时，经肺吸收的农药量相对较少，因为雾滴太大，不能直接进入肺内。但雾滴可附着在鼻腔和喉部的湿润表面上，并被这些表面吸收，其结果与经皮吸收或吞入农药相同。

与其他经皮、经口途径一样，经肺进入体内农药的吸收剂量取决于雾、蒸气或粉尘中农药的浓度，浓度大，则可能进入人体的农药的量也大，吸收的剂量可能也大，造成的危害可能也就大。需要指出的是，不能单凭气味来判断空气中农药的浓度，因为不同的农药产生的气味不同，有些有很强的臭味（如马拉硫磷），但有很多农药的臭味来自其溶剂。所以，臭味并不是判断气体、蒸气或雾中农药浓度的一个可靠指标。只有直径为 1～8 微米的粒子才能进入肺内而不被阻留在鼻、口腔、咽喉或气管内。这样大小的粒子是肉眼不可见的。

为避免或减少吸入农药，必须做到以下几点：

① 农药贮存室应经常换气通风。

② 农药容器应密闭好，如有渗漏及时处理。

③ 进行农药操作时，口鼻不要靠近药剂，戴防护口罩，必要时口罩里垫一块洁净纱布。用后及时清洗防护口罩。

④ 配药或田间施药时，人要站在上风头，喷药方向与风向呈约90°角，避免药雾或药粉从迎面方向飘来。

⑤ 在室内、仓库等密闭空间进行农药熏蒸作业，必须戴防毒面具，并严格按照特定的熏蒸作业的有关规定，在专业人员指导下进行。

如不慎吸入引起中毒，立即将中毒者带离现场到空气新鲜的地方去，并解开衣领、腰带，保持呼吸畅通，除去假牙，注意保暖，用肥皂洗手、洗脸，用洁净水漱口，严重者送医院抢救。

（五）及早排出已吸收的农药及其代谢物

可采用吸氧、输液、透析等方法及早排出已吸收的农药及代谢物。

1. 吸氧

气体状或蒸气状的农药所引起的中毒，吸氧后可促使毒物从呼吸道排出去。

2. 输液

在无肺水肿、脑水肿、心力衰竭的情况下，可输入10%或5%葡萄糖、盐水等促进农药及其代谢物从肾脏排出去。

3. 透析

采用结肠、腹膜、肾透析等。

三、农药污染及防治

农药是一种具有生物活性的化学物质，其中大部分品种对人畜都有一定的毒性。为了控制病虫草等有害生物的危害，把农药施用到了自然界当中，一方面发挥了应有的作用，同时也带来了污染的问题。如果环境或食品中农药残留量超标，就会对人类、其他生物体乃至整个生态系统造成不良的影响。

农药污染环境后，可以通过呼吸道、消化道、皮肤等途径进入人体。如果药剂毒性较大，就有可能引起急性中毒，甚至带来生命危险。有的药剂虽然急性毒性不大，但如果性质稳定，使用后不易分解、消失，就会残留在水、大气、农作物、农产品或水产品、畜产品中，最终进入人体，引起慢性中毒。农药污染还会造成其他生物的中毒或死亡，破坏生态平衡，因此必须控制农药的残留及污染，以减少对人类的影响和危害。

（一）农药对环境的污染

农药使用后对环境的污染主要表现在对土壤、大气和水体的污染及对生态系统的影响等方面。

1. 农药对土壤的污染

在田间使用的农药，除少部分着落于作物或靶标生物外，大部分落入农田中，如果是进行土壤处理，则全部施于土壤之中，这样一来便会造成田间的直接污染。另外，空气中的粉尘和降水也是土壤中农药的残留来源之一。

落入土壤中的农药，可通过光分解、微生物分解、蒸发、水解、淋溶而逐渐消失。性质不稳定，容易光解、水解及被生物降解的农药，如有机磷类、氨基甲酸酯类、拟除虫菊酯类等农药，易于从土壤中消失。而性质稳定、分解缓慢、残效期长的农药如有机氯农药，则易于在土壤中积累，造成对土壤的污染。土壤中残留的农药，不仅容易被农作物吸收转入农副产品中，还会对土壤中的有益微生物如固氮菌及有益生物如蚯蚓、步甲、弹尾虫、非寄生性线虫等造成危害。土壤中残留的除草剂还有可能对后茬敏感的作物造成危害。

2. 农药对大气的污染

大气中农药的污染主要来自田间施药时药剂的挥发或农药厂生产时排出的废气，施过药的作物或土壤以及被污染的水面也会通过挥发使残留的农药进入大气中。农药对大气的污染与其性质关系较大。蒸气压高的品种，药剂更容易挥发进入大气中。大气中的农药还可能随着气流飘移，扩散到附近地区或更远的地方。空气中的除草剂浓度高时，还会对敏感作物造成伤害。

3. 农药对水体的污染

农药对水体的污染来自以下 4 个方面：一是施入农田的农药随着灌溉或雨水冲刷流入江河湖泊；二是存在于大气中或植物表面的农药通过雨水冲刷进入土壤或流入水域；三是农药厂排出的废水、废渣直接进入水域；四是将废弃的农药包装物扔入水中或在池塘河流中洗刷施药器具等。

农药对水体的污染，不仅可以造成鱼、贝、虾等水生生物中毒死亡，同时还可能污染饮用水，威胁人体的健康。

4. 农药施用后对生态系统的影响

农药施用后，对生态系统的影响是复杂的，它可以破坏自然界原来的生态平衡。

农药对生态系统的影响除以上提到的对土壤生物、水生生物的影响外，还可杀伤天敌，引起防治对象的再增猖獗，引起次要害虫上升为主要害虫，杀伤传粉昆虫，影响作物产量和农民的收入，污染桑树和柞树，致使养蚕业蒙受损失。

（二）农药对农副产品的污染

1. 施药对作物的直接污染

农药施用后，部分残留于作物表面或植物组织内部的农药，当作物收获时还未来得及分解完毕，就会随之进入各种农、畜产品中，从而造成对农、畜产品的污染。

农药对作物的污染程度与药剂的性质、剂型、施药方式、施药量等有密切关系。内吸性强、渗透性强的农药易对作物造成污染；含有重金属元素的砷制剂不仅易造成污染，且对人体危害极大，应禁止施药；乳油制剂比粉剂、可湿性粉剂分解慢，在作物体内残留时间长；药剂使用浓度高、频次多，对作物造成的污染程度重。

2. 作物在污染环境中对农药的吸收

农药在田间使用后容易造成对土壤、大气和水体的污染，当作物从土壤或水分中吸收残留的农药，达到一定的量后，就会造成污染和残留。作物从污染环境中吸收农药的能力因作物种类而异。一般来说，根菜类、薯类作物从土壤中吸收农药的能力较强，而叶菜类、果菜类的吸收能力较弱。

3. 农药的生物富集及在食物链中的传递影响

农药的生物富集是指生物体从生活环境中通过取食或其他方式，能不断地吸收低剂量的农药，使农药逐渐在其体内积累，其体内的药剂浓度比其周围环境或食品中浓度都高。食物链往往是造成生物体农药富集的一个重要因素。残留在生态环境中的农药，通过生物之间由取食构成的链锁形式进行转移和传递而蓄积于食物链顶端的生物体中，人类处在食物链的顶端，最易受到农药残毒生物富集后的危害。

（三）农药污染的防治

控制农药残留和污染的措施可归纳为以下几个方面。

1. 合理使用农药

根据有害生物的发生情况，选用适宜的农药品种、用药量、施药时间、施药方法，合理轮用、混用农药，从而达到提高防效、降低用药量、减轻农药对环境污染的目的。

2. 安全使用农药

严格遵守国家颁布的农药安全使用标准及有关规定，按照规定的用药量、用药次数、用药方法和安全间隔期，在相应的作物上施药；禁止、限制在蔬菜、瓜果、烟叶、茶叶、草药等作物上使用高毒农药；避免使用高毒农药防治家庭卫生害虫。

3. 提倡开发、使用无污染农药

在农药的使用中尽可能选用无污染农药，如生物农药、低残留化学农药，及种植转基因作物或其他抗病虫草害的作物品种。研制、开发对环境无污染的农药新品种、新剂型。

4. 严格控制农药厂的“三废”排放标准

在农药厂的生产中，要严格控制农药的“三废”排放，减少“三废”中的有毒物质，以减少对环境的污染。

5. 妥善处理农药包装物

装过农药的空箱、空瓶等要集中处理，不准用于盛装粮食、油、水、食品和饲料等，也不能随意扔入河塘、湖泊中。

6. 进行去污处理

对于食品或农副产品中的农药残留可根据情况采取相应的措施，达到清除农药残留的效果。如对于残留有农药的蔬菜、水果可利用清水冲洗的办法，清洗后的水果削皮食用；残留于稻谷中的农药脱去谷壳即去除了大部分残留，使用前蒸煮基本上可把其中残留的农药全部清除。

7. 采取避毒措施

对于已遭受农药污染尚有农药残留的农田，可采用避毒措施以减少农药对作物的污染，即在一定时期内不种植易吸收农药的作物，如根菜类、薯类等，而代之以种植那些叶菜类、果实类等不易吸收农药的作物。也可通过改变耕作制度，实行水旱轮作的方式，减少农药的污染。

同时，应贯彻“预防为主，综合防治”的植保工作方针，注意化学防治和其他防治方法的协调运用，以减少农药的使用，减轻农药对环境的污染。

四、废弃农药的处理

在农药的贮运、销售和使用中往往会出现农药废弃物。农药废弃物产生的来源有很多方面，这些废弃物如果不加强控制与管理，势必会对人类的健康造成潜在的危害及对环境造成污染。所以，农药废弃物的安全处理具有重要的意义。

（一）农药废弃物的含义和来源

农药废弃物包括被禁止使用的农药，过期失效的农药，可以使用但不再需要使用的农药。形成原因主要有以下几种情况。

① 过量供应的农药，不切实际需要而赠送或购买的农药。

② 贮存不当而引起变质的农药以及过期失效的农药。

③ 被禁止生产和使用但仍有库存的农药。

④ 因包装过大而无法用完的农药。

⑤ 农药废旧包装物，包括盛农药的瓶、桶、罐、袋等。

⑥ 此外，还通常包括被农药污染的物品、土壤和地面等类型。

针对农药废弃物的产生来源，采取必要的方法进行防护和安全处理是保证环境和人类安全的有效措施。

（二）农药废弃物处理的一般原则

① 首先要遵守农药的法律法规和有关废弃物处理的法规。

② 农药废弃物，不要堆放时间太长后再处理。

③ 如果对农药废弃物的特性把握不准，要进行检测分析或征求有关专家的意见，妥善处理。

④ 在进行废弃物处理时要穿戴对农药有防护作用的防护服。

⑤ 不要在对人、畜、植物以及食品和水源有危害的地方清理农药废弃物。

⑥ 不要无选择地随意堆放和抛弃农药废弃物。

（三）农药废弃物的安全处理

监督执法人员遇到查封的农药产品，可按照如下程序处理。

① 对查封的未登记的农药产品，监督执法人员应责令经营单位将货全部退回生产企业处理。

② 对已获得农药登记的过期农药产品，应先送样至省级以上农药检定机构对产品质量进行检验，对仍符合产品质量标准的产品，监督执法人员应限制经销单位在一定期限内销售。对经检验不合格的产品，监督执法人员应责令经营单位将产品退回生产企业。

③ 对已获得农药登记并仍在质量保证期限内，但经检验不合格的产品，农药监督执法人员应没收不合格的农药，统一销毁处理，或在其监督下，责令生产、经销者立即将产品退回生产企业处理或重新进行加工。

④ 对混有产生药害成分的产品和国家明令禁止生产和使用的农药产品，应在具有防渗结构的沟槽中掩埋，要求远离住宅区和水源，并设立“有毒”标志。应鼓励采用高温焚烧炉法处理农药废弃物。

⑤ 在非施用场所溢漏的农药要及时处理。在进行农药作业时，为避免农药发生溢漏，作业人员应穿戴防护服（专用的手套、鞋子和护眼器具等）。如果作业中发生溢漏，则要求由专人负责妥善管理污染区，以防儿童或动物靠近或接触；对于固态农药如粉剂和颗粒剂等，要用干砂、干土或粒状吸附物清理；不得将清洗后的水倒入下水道、水沟或池塘等。

⑥ 农药废旧包装物要严禁作为它用，不能乱丢乱放，要妥善处理。完好无损的可由销售部门或生产厂统一回收。具体讲，金属罐和桶，要破坏，然后高温处理或埋掉，土坑中容器的顶层距土面应在50厘米以上；玻璃容器，要打碎并掩埋，或高温处理；农药包装纸板要焚烧；塑料容器要穿透并焚烧，焚烧应在焚烧炉中进行，不要随地焚烧。此外，如果不能马上处理废旧包装物，则应把它们堆放在安全的地方。总之，不得用农药废旧容器装食物或饲料，否则极易引起人、畜的中毒。

最后应指出，对于大量废弃农药的处理，应征得劳动、环保部门的同意，并报上级主管部门备案，以防止二次污染。

农药废弃物的防护和安全处理是保证环境和人类安全的有效措施，因此农药各生产厂家、经销商和使用者应自觉接受监督并配合做好农药废弃物的安全处理。

五、农药的运输、贮存和保管

（一）农药的运输

在运输农药的过程中，由于装药的容器破裂、包装不好而泄漏或预防措施不佳，就有可能造成农药污染或农药中毒。在运输农药时，应注意如下事项。

① 运输农药前首先要了解运送的是什么农药，毒性怎样，有什么注意事项及有关中毒防治知识等，做到会防毒，发生事故会处理。

② 运输前要检查包装，如发现破损，要改换包装或修补，防止农药渗漏；损坏的药瓶、纸袋要集中保管，统一处理，不能乱扔，以免引起人、畜中毒或造成农药污染。

③ 专车、专船运输，不与食品、饲料、种子和生活用品等混装。

④ 装卸时要轻拿轻放，不得倒置，严防碰撞、外溢和破损；装车时堆放整齐，重不压轻，标记向外，箱口朝上，放稳扎妥。

⑤ 装卸和运输人员在工作时要搞好安全防护，戴口罩、手套，穿长衣裤；若农药污染皮肤，应立即用肥皂、清水冲洗；工作期间不抽烟、不喝水、不吃东西。

⑥ 运输必须安全、及时、准确。要正确选择路线，时速不宜过快，防止翻车、沉船事故；运输途中休息时应将车船停靠阴凉处防止暴晒，并离居民区200米以外；要经常检查包装情况，防止散包、破包或破箱、破瓶出现；雨天运输时车、船上要有防雨设施，避免雨淋。

⑦ 搬运完毕，运输工具要及时清洗消毒，搬运人员应及时洗澡、换衣。

（二）农药的贮存和保管

农药贮存要根据产品种类分类堆放。根据质量保证期或生产日期，做到先产先用，推陈储新，要防止中毒，防止农药腐蚀及变质、失效，防热、防火、防潮和防冻，严禁与粮食同库等。具体说，农药的贮存和保管应注意如下事项。

1. 引起在贮存过程中农药质量变化的自然因素

① 温度。高温和低温对农药质量有影响。乳油类农药含有大量的甲苯、二甲苯等有机溶剂，温度高易挥发，还容易燃烧。温度越高，敌敌畏挥发越快，35℃时的挥发量比20℃时大1.4倍。敌百虫晶体在30℃时开始融化，出现流汤现象。温度低至0℃以下，液体农药容易发生结晶或沉淀，甚至冻裂玻璃瓶。所以，高温或低温对农药质量都有影响，尤以高温最为明显。

② 湿度。空气中湿度太大会引起农药质量发生变化，降低药效。粉剂和可湿性粉剂农药吸收了空气中的水分，容易结团或结块，粉剂的流动性或可湿性粉剂的悬浮率降低。有机磷粉剂吸潮后还能使有效成分发生分解，如遇上高温高湿，这种分解速度还会加快。空气潮湿，能引起标签霉烂破损或脱落。

③ 光照。光线照射也是造成农药变质减效的一个重要因素。所以，多数液体农药包装瓶采用棕色的，就是为了减轻光照的影响。辛硫磷见光最容易分解。

2. 农药必须单独贮存

绝对不能和粮食、种子、饲料、食品等混放，也不能与烧碱、石灰、化肥等物品混放在一起。禁止把汽油、煤油、柴油等易燃物放在农药仓库内。一些化肥如碳酸氢铵分解挥发时产生的氨气，被仓库内潮湿的空气吸收成为氢氧化铵，就会使农药分解失效，还会使药粉结团结块，降低防治效果。一些化肥如硝酸铵等易爆炸，在日光下曝晒、撞击，在高温下会引起发热、自燃或产生火花，遇到乳油类农药就会燃烧。一些化肥如过磷酸钙等酸性化肥在贮存过程中游离酸挥发出来，使仓库内潮湿空气呈现酸性，就会使农药包装腐蚀损坏，造成搬运困难。

3. 农药堆放时注意事项

要分品种堆放，严防破损、渗漏；农药堆放高度不宜超过 2 米，防止倒塌和下层药粉受压结块；对于高毒农药和除草剂要分别用专用仓库保管，以免引起中毒或药害事故。

4. 各种农药进出库都要记账入册

根据农药先进先出的原则，防止农药存放多年而失效；对挥发性大和性能不太稳定的农药，不能长期贮存。

5. 贮存地点要求

农民等用户自家贮存时，要注意将农药单放在一间屋里，防止儿童接近；最好将农药锁在一个单独的柜子或箱子里，不要放在容易使人误食或误饮的地方；要注意远离火种和避免阳光直射。

6. 掌握不同剂型农药的贮存特点，采取相应措施妥善保管

① 液体农药，包括乳油、水剂等，其特点是易燃烧、易挥发，在贮存时重点是隔热防晒，避免高温；堆放时应注意箱口朝上，保持干燥通风；要严格管理火种和电源，防止引起火灾。

② 固体农药，包括粉剂、颗粒剂、片剂等，特点是吸湿性强，易发生变质；贮存时保管重点是防潮隔湿，特别是雨季要经常检查，发现有受潮农药，应移到阴凉通风处摊开晾干，重新包装，不可日晒；固体农药一般不能与碱性物质接触，以免引起失效。

③ 压缩气体农药，本身不易燃、不易爆，只是在高温、撞击、震动等外力影响下，会引起爆炸；而且，此类农药属高毒气体，在保管这类农药时要特别谨慎；应经常检查阀门是否松动，钢瓶（罐）有无裂缝等，以免引起不良后果。

④ 微生物农药，如苏云金杆菌、井冈霉素、赤霉素等，特点是不耐高温，容易吸湿霉变，失活失效，所以宜在低温干燥的环境中保存，而且保存时间不宜超过 2 年。

附　录

附录一　国家禁限用农药

《农产品质量安全法》规定，禁止在农产品生产经营过程中使用国家禁止使用的农业投入品以及其他有毒有害物质。《农药管理条例》规定，农药使用应按照标签规定的使用范围、安全间隔期用药，不得超范围用药。剧毒，高毒农药不得用于防治卫生害虫，不得用于蔬菜、瓜果、茶叶、菌类、中草药材的生产，不得用于水生植物的病虫害防治。

一、禁止使用的农药（56种）

六六六、滴滴涕、毒杀芬、二溴氯丙烷、杀虫脒、二溴乙烷、除草醚、艾氏剂、狄氏剂、汞制剂、砷类、铅类、敌枯双、氟乙酰胺、甘氟、毒鼠强、氟乙酸钠、毒鼠硅、甲胺磷、对硫磷、甲基对硫磷、久效磷、磷胺、苯线磷、地虫硫磷、甲基硫环磷、磷化钙、磷化镁、磷化锌、硫线磷、蝇毒磷、治螟磷、特丁硫磷、氯磺隆、胺苯磺隆、甲磺隆、福美胂、福美甲胂、三氯杀螨醇、林丹、硫丹、氟虫胺、杀扑磷、百草枯、灭蚁灵、氯丹、2,4-滴丁酯、甲拌磷、甲基异柳磷、水胺硫磷、灭线磷、溴甲烷*、氧乐果*、克百威*、灭多威*、涕灭威*。

注：“*”表示氧乐果、克百威、灭多威、涕灭威过渡期至2026年6月1日，过渡期内禁止在蔬菜、瓜果、茶叶、菌类、中草药材上使用，禁止用于防治卫生害虫，禁止用于水生植物的病虫害防治。过渡期后禁止销售和使用上述4种农药。溴甲烷仅可用于“检疫熏蒸处理”。

二、在部分范围内禁止使用的农药（12 种）

通用名	禁止使用范围
内吸磷、硫环磷、氯唑磷	禁止在蔬菜、瓜果、茶叶、中草药材上使用
乙酰甲胺磷、丁硫克百威、乐果	禁止在蔬菜、瓜果、茶叶、菌类、中草药材上使用
毒死蜱、三唑磷	禁止在蔬菜上使用
丁酰肼(比久)	禁止在花生上使用
氰戊菊酯	禁止在茶叶上使用
氟虫腈	禁止在所有农作物上使用(玉米等部分旱田种子包衣除外)
氟苯虫酰胺	禁止在水稻上使用

注:磷化铝 2025 年 3 月 1 日起,仅限防治储粮害虫,需专业人员使用。氯化苦 2025 年 3 月 1 日起,仅限土壤熏蒸,需专业人员使用。

附录二　农药管理条例

（1997年5月8日国务院令第216号发布；根据2001年11月29日《国务院关于修改〈农药管理条例〉的决定》第一次修订；根据2017年2月8日国务院令第677号第二次修订；根据2022年3月29日《国务院关于修改和废止部分行政法规的决定》（国务院令第752号）第三次修订。）

第一章　总　则

第一条　为了加强农药管理，保证农药质量，保障农产品质量安全和人畜安全，保护农业、林业生产和生态环境，制定本条例。

第二条　本条例所称农药，是指用于预防、控制危害农业、林业的病、虫、草、鼠和其他有害生物以及有目的地调节植物、昆虫生长的化学合成或者来源于生物、其他天然物质的一种物质或者几种物质的混合物及其制剂。

前款规定的农药包括用于不同目的、场所的下列各类：

（一）预防、控制危害农业、林业的病、虫（包括昆虫、蜱、螨）、草、鼠、软体动物和其他有害生物；

（二）预防、控制仓储以及加工场所的病、虫、鼠和其他有害生物；

（三）调节植物、昆虫生长；

（四）农业、林业产品防腐或者保鲜；

（五）预防、控制蚊、蝇、蜚蠊、鼠和其他有害生物；

（六）预防、控制危害河流堤坝、铁路、码头、机场、建筑物和其他场所的有害生物。

第三条　国务院农业主管部门负责全国的农药监督管理工作。

县级以上地方人民政府农业主管部门负责本行政区域的农药监督管理工作。

县级以上人民政府其他有关部门在各自职责范围内负责有关的农药监督管理工作。

第四条　县级以上地方人民政府应当加强对农药监督管理工作的组织领导，将农药监督管理经费列入本级政府预算，保障农药监督管理工作的开展。

第五条　农药生产企业、农药经营者应当对其生产、经营的农药的安全性、有效性负责，自觉接受政府监管和社会监督。

农药生产企业、农药经营者应当加强行业自律，规范生产、经营行为。

第六条　国家鼓励和支持研制、生产、使用安全、高效、经济的农药，推进农药专业化使用，促进农药产业升级。

对在农药研制、推广和监督管理等工作中作出突出贡献的单位和个人，按照国家有关规定予以表彰或者奖励。

第二章　农药登记

第七条　国家实行农药登记制度。农药生产企业、向中国出口农药的企业应当依照本条例的规定申请农药登记，新农药研制者可以依照本条例的规定申请农药登记。

国务院农业主管部门所属的负责农药检定工作的机构负责农药登记具体工作。省、自治区、直辖市人民政府农业主管部门所属的负责农药检定工作的机构协助做好本行政区域的农药登记具体工作。

第八条　国务院农业主管部门组织成立农药登记评审委员会，负责农药登记评审。

农药登记评审委员会由下列人员组成：

（一）国务院农业、林业、卫生、环境保护、粮食、工业行业管理、安全生产监督管理等有关部门和供销合作总社等单位推荐的农药产品化学、药效、毒理、残留、环境、质量标准和检测等方面的专家；

（二）国家食品安全风险评估专家委员会的有关专家；

（三）国务院农业、林业、卫生、环境保护、粮食、工业行业管理、安全生产监督管理等有关部门和供销合作总社等单位的代表。

农药登记评审规则由国务院农业主管部门制定。

第九条　申请农药登记的，应当进行登记试验。

农药的登记试验应当报所在地省、自治区、直辖市人民政府农业主管部门备案。

第十条　登记试验应当由国务院农业主管部门认定的登记试验单位按照国务院农业主管部门的规定进行。

与已取得中国农药登记的农药组成成分、使用范围和使用方法相同的农药，免予残留、环境试验，但已取得中国农药登记的农药依照本条例第十五条的规定在登记资料保护期内的，应当经农药登记证持有人授权同意。

登记试验单位应当对登记试验报告的真实性负责。

第十一条　登记试验结束后，申请人应当向所在地省、自治区、直辖市人民政府农业主管部门提出农药登记申请，并提交登记试验报告、标签样张和农药产品质量标准及其检验方法等申请资料；申请新农药登记的，还应当提供农药标准品。

省、自治区、直辖市人民政府农业主管部门应当自受理申请之日起 20 个工作日内提出初审意见，并报送国务院农业主管部门。

向中国出口农药的企业申请农药登记的，应当持本条第一款规定的资料、农药标准品以及在有关国家（地区）登记、使用的证明材料，向国务院农业主管部门提出申请。

第十二条　国务院农业主管部门受理申请或者收到省、自治区、直辖市人民政府农业主管部门报送的申请资料后，应当组织审查和登记评审，并自收到评审意见之日起 20 个工作日内作出审批决定，符合条件的，核发农药登记证；不符合条件的，书面通知申请人并说明理由。

第十三条　农药登记证应当载明农药名称、剂型、有效成分及其含量、毒性、使用范围、使用方法和剂量、登记证持有人、登记证号以及有效期等事项。

农药登记证有效期为 5 年。有效期届满，需要继续生产农药或者向中国出口农药的，农药登记证持有人应当在有效期届满 90 日前向国务院农业主管部门申请延续。

农药登记证载明事项发生变化的，农药登记证持有人应当按照国务院农业主管部门的规定申请变更农药登记证。

国务院农业主管部门应当及时公告农药登记证核发、延续、变更情况以及有关的农药产品质量标准号、残留限量规定、检验方法、经核准的标签等信息。

第十四条　新农药研制者可以转让其已取得登记的新农药的登记资料；农药生产企业可以向具有相应生产能力的农药生产企业转让其已取得登记的农药的登记资料。

第十五条　国家对取得首次登记的、含有新化合物的农药的申请人提交的其自己所取得且未披露的试验数据和其他数据实施保护。

自登记之日起 6 年内，对其他申请人未经已取得登记的申请人同意，使用前款规定的数据申请农药登记的，登记机关不予登记；但是，其他申请人提交其自己所取得的数据的除外。

除下列情况外，登记机关不得披露本条第一款规定的数据：

（一）公共利益需要；

（二）已采取措施确保该类信息不会被不正当地进行商业使用。

第三章 农药生产

第十六条 农药生产应当符合国家产业政策。国家鼓励和支持农药生产企业采用先进技术和先进管理规范，提高农药的安全性、有效性。

第十七条 国家实行农药生产许可制度。农药生产企业应当具备下列条件，并按照国务院农业主管部门的规定向省、自治区、直辖市人民政府农业主管部门申请农药生产许可证：

（一）有与所申请生产农药相适应的技术人员；

（二）有与所申请生产农药相适应的厂房、设施；

（三）有对所申请生产农药进行质量管理和质量检验的人员、仪器和设备；

（四）有保证所申请生产农药质量的规章制度。

省、自治区、直辖市人民政府农业主管部门应当自受理申请之日起 20 个工作日内作出审批决定，必要时应当进行实地核查。符合条件的，核发农药生产许可证；不符合条件的，书面通知申请人并说明理由。

安全生产、环境保护等法律、行政法规对企业生产条件有其他规定的，农药生产企业还应当遵守其规定。

第十八条 农药生产许可证应当载明农药生产企业名称、住所、法定代表人（负责人）、生产范围、生产地址以及有效期等事项。

农药生产许可证有效期为 5 年。有效期届满，需要继续生产农药的，农药生产企业应当在有效期届满 90 日前向省、自治区、直辖市人民政府农业主管部门申请延续。

农药生产许可证载明事项发生变化的，农药生产企业应当按照国务院农业主管部门的规定申请变更农药生产许可证。

第十九条 委托加工、分装农药的，委托人应当取得相应的农药登记证，受托人应当取得农药生产许可证。

委托人应当对委托加工、分装的农药质量负责。

第二十条 农药生产企业采购原材料，应当查验产品质量检验合格证和有关许可证明文件，不得采购、使用未依法附具产品质量检验合格证、未依法取得有关许可证明文件的原材料。

农药生产企业应当建立原材料进货记录制度，如实记录原材料的名称、有关许可证明文件编号、规格、数量、供货人名称及其联系方式、进货日期等内容。原材料进货记录应当保存 2 年以上。

第二十一条　农药生产企业应当严格按照产品质量标准进行生产，确保农药产品与登记农药一致。农药出厂销售，应当经质量检验合格并附具产品质量检验合格证。

农药生产企业应当建立农药出厂销售记录制度，如实记录农药的名称、规格、数量、生产日期和批号、产品质量检验信息、购货人名称及其联系方式、销售日期等内容。农药出厂销售记录应当保存 2 年以上。

第二十二条　农药包装应当符合国家有关规定，并印制或者贴有标签。国家鼓励农药生产企业使用可回收的农药包装材料。

农药标签应当按照国务院农业主管部门的规定，以中文标注农药的名称、剂型、有效成分及其含量、毒性及其标识、使用范围、使用方法和剂量、使用技术要求和注意事项、生产日期、可追溯电子信息码等内容。

剧毒、高毒农药以及使用技术要求严格的其他农药等限制使用农药的标签还应当标注“限制使用”字样，并注明使用的特别限制和特殊要求。用于食用农产品的农药的标签还应当标注安全间隔期。

第二十三条　农药生产企业不得擅自改变经核准的农药的标签内容，不得在农药的标签中标注虚假、误导使用者的内容。

农药包装过小，标签不能标注全部内容的，应当同时附具说明书，说明书的内容应当与经核准的标签内容一致。

第四章　农药经营

第二十四条　国家实行农药经营许可制度，但经营卫生用农药的除外。农药经营者应当具备下列条件，并按照国务院农业主管部门的规定向县级以上地方人民政府农业主管部门申请农药经营许可证：

（一）有具备农药和病虫害防治专业知识，熟悉农药管理规定，能够指导安全合理使用农药的经营人员；

（二）有与其他商品以及饮用水水源、生活区域等有效隔离的营业场所和仓储场所，并配备与所申请经营农药相适应的防护设施；

（三）有与所申请经营农药相适应的质量管理、台账记录、安全防护、应急处置、仓储管理等制度。

经营限制使用农药的，还应当配备相应的用药指导和病虫害防治专业技术人员，并按照所在地省、自治区、直辖市人民政府农业主管部门的规定实行定点经营。

县级以上地方人民政府农业主管部门应当自受理申请之日起20个工作日内作出审批决定。符合条件的，核发农药经营许可证；不符合条件的，书面通知申请人并说明理由。

第二十五条 农药经营许可证应当载明农药经营者名称、住所、负责人、经营范围以及有效期等事项。

农药经营许可证有效期为5年。有效期届满，需要继续经营农药的，农药经营者应当在有效期届满90日前向发证机关申请延续。

农药经营许可证载明事项发生变化的，农药经营者应当按照国务院农业主管部门的规定申请变更农药经营许可证。

取得农药经营许可证的农药经营者设立分支机构的，应当依法申请变更农药经营许可证，并向分支机构所在地县级以上地方人民政府农业主管部门备案，其分支机构免予办理农药经营许可证。农药经营者应当对其分支机构的经营活动负责。

第二十六条 农药经营者采购农药应当查验产品包装、标签、产品质量检验合格证以及有关许可证明文件，不得向未取得农药生产许可证的农药生产企业或者未取得农药经营许可证的其他农药经营者采购农药。

农药经营者应当建立采购台账，如实记录农药的名称、有关许可证明文件编号、规格、数量、生产企业和供货人名称及其联系方式、进货日期等内容。采购台账应当保存2年以上。

第二十七条 农药经营者应当建立销售台账，如实记录销售农药的名称、规格、数量、生产企业、购买人、销售日期等内容。销售台账应当保存2年以上。

农药经营者应当向购买人询问病虫害发生情况并科学推荐农药，必要时应当实地查看病虫害发生情况，并正确说明农药的使用范围、使用方法和剂量、使用技术要求和注意事项，不得误导购买人。

经营卫生用农药的，不适用本条第一款、第二款的规定。

第二十八条 农药经营者不得加工、分装农药，不得在农药中添加任何物质，不得采购、销售包装和标签不符合规定，未附具产品质量检验合格证，未取得有关许可证明文件的农药。

经营卫生用农药的，应当将卫生用农药与其他商品分柜销售；经营其他农药的，不得在农药经营场所内经营食品、食用农产品、饲料等。

第二十九条 境外企业不得直接在中国销售农药。境外企业在中国销售农药的，应当依法在中国设立销售机构或者委托符合条件的中国代理机构销售。

向中国出口的农药应当附具中文标签、说明书，符合产品质量标准，并经出入境检验检疫部门依法检验合格。禁止进口未取得农药登记证的农药。

办理农药进出口海关申报手续，应当按照海关总署的规定出示相关证明文件。

第五章　农药使用

第三十条　县级以上人民政府农业主管部门应当加强农药使用指导、服务工作，建立健全农药安全、合理使用制度，并按照预防为主、综合防治的要求，组织推广农药科学使用技术，规范农药使用行为。林业、粮食、卫生等部门应当加强对林业、储粮、卫生用农药安全、合理使用的技术指导，环境保护主管部门应当加强对农药使用过程中环境保护和污染防治的技术指导。

第三十一条　县级人民政府农业主管部门应当组织植物保护、农业技术推广等机构向农药使用者提供免费技术培训，提高农药安全、合理使用水平。

国家鼓励农业科研单位、有关学校、农民专业合作社、供销合作社、农业社会化服务组织和专业人员为农药使用者提供技术服务。

第三十二条　国家通过推广生物防治、物理防治、先进施药器械等措施，逐步减少农药使用量。

县级人民政府应当制定并组织实施本行政区域的农药减量计划；对实施农药减量计划、自愿减少农药使用量的农药使用者，给予鼓励和扶持。

县级人民政府农业主管部门应当鼓励和扶持设立专业化病虫害防治服务组织，并对专业化病虫害防治和限制使用农药的配药、用药进行指导、规范和管理，提高病虫害防治水平。

县级人民政府农业主管部门应当指导农药使用者有计划地轮换使用农药，减缓危害农业、林业的病、虫、草、鼠和其他有害生物的抗药性。

乡、镇人民政府应当协助开展农药使用指导、服务工作。

第三十三条　农药使用者应当遵守国家有关农药安全、合理使用制度，妥善保管农药，并在配药、用药过程中采取必要的防护措施，避免发生农药使用事故。

限制使用农药的经营者应当为农药使用者提供用药指导，并逐步提供统一用药服务。

第三十四条　农药使用者应当严格按照农药的标签标注的使用范围、使用方法和剂量、使用技术要求和注意事项使用农药，不得扩大使用范围、加大用药剂量或者改变使用方法。

农药使用者不得使用禁用的农药。

标签标注安全间隔期的农药，在农产品收获前应当按照安全间隔期的要求停止使用。

剧毒、高毒农药不得用于防治卫生害虫，不得用于蔬菜、瓜果、茶叶、菌类、中草药材的生产，不得用于水生植物的病虫害防治。

第三十五条　农药使用者应当保护环境，保护有益生物和珍稀物种，不得在饮用水水源保护区、河道内丢弃农药、农药包装物或者清洗施药器械。

严禁在饮用水水源保护区内使用农药，严禁使用农药毒鱼、虾、鸟、兽等。

第三十六条　农产品生产企业、食品和食用农产品仓储企业、专业化病虫害防治服务组织和从事农产品生产的农民专业合作社等应当建立农药使用记录，如实记录使用农药的时间、地点、对象以及农药名称、用量、生产企业等。农药使用记录应当保存 2 年以上。

国家鼓励其他农药使用者建立农药使用记录。

第三十七条　国家鼓励农药使用者妥善收集农药包装物等废弃物；农药生产企业、农药经营者应当回收农药废弃物，防止农药污染环境和农药中毒事故的发生。具体办法由国务院环境保护主管部门会同国务院农业主管部门、国务院财政部门等部门制定。

第三十八条　发生农药使用事故，农药使用者、农药生产企业、农药经营者和其他有关人员应当及时报告当地农业主管部门。

接到报告的农业主管部门应当立即采取措施，防止事故扩大，同时通知有关部门采取相应措施。造成农药中毒事故的，由农业主管部门和公安机关依照职责权限组织调查处理，卫生主管部门应当按照国家有关规定立即对受到伤害的人员组织医疗救治；造成环境污染事故的，由环境保护等有关部门依法组织调查处理；造成储粮药剂使用事故和农作物药害事故的，分别由粮食、农业等部门组织技术鉴定和调查处理。

第三十九条　因防治突发重大病虫害等紧急需要，国务院农业主管部门可以决定临时生产、使用规定数量的未取得登记或者禁用、限制使用的农药，必要时应当会同国务院对外贸易主管部门决定临时限制出口或者临时进口规定数量、品种的农药。

前款规定的农药，应当在使用地县级人民政府农业主管部门的监督和指导下使用。

第六章　监督管理

第四十条　县级以上人民政府农业主管部门应当定期调查统计农药生产、销售、使用情况，并及时通报本级人民政府有关部门。

县级以上地方人民政府农业主管部门应当建立农药生产、经营诚信档案并予以公布；发现违法生产、经营农药的行为涉嫌犯罪的，应当依法移送公安机关查处。

第四十一条　县级以上人民政府农业主管部门履行农药监督管理职责，可以依法采取下列措施：

（一）进入农药生产、经营、使用场所实施现场检查；

（二）对生产、经营、使用的农药实施抽查检测；

（三）向有关人员调查了解有关情况；

（四）查阅、复制合同、票据、账簿以及其他有关资料；

（五）查封、扣押违法生产、经营、使用的农药，以及用于违法生产、经营、使用农药的工具、设备、原材料等；

（六）查封违法生产、经营、使用农药的场所。

第四十二条　国家建立农药召回制度。农药生产企业发现其生产的农药对农业、林业、人畜安全、农产品质量安全、生态环境等有严重危害或者较大风险的，应当立即停止生产，通知有关经营者和使用者，向所在地农业主管部门报告，主动召回产品，并记录通知和召回情况。

农药经营者发现其经营的农药有前款规定的情形的，应当立即停止销售，通知有关生产企业、供货人和购买人，向所在地农业主管部门报告，并记录停止销售和通知情况。

农药使用者发现其使用的农药有本条第一款规定的情形的，应当立即停止使用，通知经营者，并向所在地农业主管部门报告。

第四十三条　国务院农业主管部门和省、自治区、直辖市人民政府农业主管部门应当组织负责农药检定工作的机构、植物保护机构对已登记农药的安全性和有效性进行监测。

发现已登记农药对农业、林业、人畜安全、农产品质量安全、生态环境等有严重危害或者较大风险的，国务院农业主管部门应当组织农药登记评审委员会进行评审，根据评审结果撤销、变更相应的农药登记证，必要时应当决定禁用或者限制使用并予以公告。

第四十四条　有下列情形之一的，认定为假农药：

（一）以非农药冒充农药；

（二）以此种农药冒充他种农药；

（三）农药所含有效成分种类与农药的标签、说明书标注的有效成分不符。

禁用的农药，未依法取得农药登记证而生产、进口的农药，以及未附具标签的农药，按照假农药处理。

第四十五条　有下列情形之一的，认定为劣质农药：

（一）不符合农药产品质量标准；

（二）混有导致药害等有害成分。

超过农药质量保证期的农药，按照劣质农药处理。

第四十六条　假农药、劣质农药和回收的农药废弃物等应当交由具有危险废物经营资质的单位集中处置，处置费用由相应的农药生产企业、农药经营者承担；农药生产企业、农药经营者不明确的，处置费用由所在地县级人民政府财政列支。

第四十七条　禁止伪造、变造、转让、出租、出借农药登记证、农药生产许可证、农药经营许可证等许可证明文件。

第四十八条　县级以上人民政府农业主管部门及其工作人员和负责农药检定工作的机构及其工作人员，不得参与农药生产、经营活动。

第七章　法律责任

第四十九条　县级以上人民政府农业主管部门及其工作人员有下列行为之一的，由本级人民政府责令改正；对负有责任的领导人员和直接责任人员，依法给予处分；负有责任的领导人员和直接责任人员构成犯罪的，依法追究刑事责任：

（一）不履行监督管理职责，所辖行政区域的违法农药生产、经营活动造成重大损失或者恶劣社会影响；

（二）对不符合条件的申请人准予许可或者对符合条件的申请人拒不准予许可；

（三）参与农药生产、经营活动；

（四）有其他徇私舞弊、滥用职权、玩忽职守行为。

第五十条　农药登记评审委员会组成人员在农药登记评审中谋取不正当利益的，由国务院农业主管部门从农药登记评审委员会除名；属于国家工作人员的，依法给予处分；构成犯罪的，依法追究刑事责任。

第五十一条　登记试验单位出具虚假登记试验报告的，由省、自治区、直辖市人民政府农业主管部门没收违法所得，并处5万元以上10万元以下罚款；由国务院农业主管部门从登记试验单位中除名，5年内不再受理其登记试验单位认定申请；构成犯罪的，依法追究刑事责任。

第五十二条　未取得农药生产许可证生产农药或者生产假农药的，由县级以上地方人民政府农业主管部门责令停止生产，没收违法所得、违法生产的产品和用于违法生产的工具、设备、原材料等，违法生产的产品货值金额不足1万元的，并处5万元以上10万元以下罚款，货值金额1万元以上的，并处货值金额10倍以上20倍以下罚款，由发证机关吊销农药生产许可证和相应的农药登记证；构成犯罪的，依法追究刑事责任。

取得农药生产许可证的农药生产企业不再符合规定条件继续生产农药的，由县级以上地方人民政府农业主管部门责令限期整改；逾期拒不整改或者整改后仍不符合规定条件的，由发证机关吊销农药生产许可证。

农药生产企业生产劣质农药的，由县级以上地方人民政府农业主管部门责令停止生产，没收违法所得、违法生产的产品和用于违法生产的工具、设备、原材料等，违法生产的产品货值金额不足1万元的，并处1万元以上5万元以下罚款，货值金额1万元以上的，并处货值金额5倍以上10倍以下罚款；情节严重的，由发证机关吊销农药生产许可证和相应的农药登记证；构成犯罪的，依法追究刑事责任。

委托未取得农药生产许可证的受托人加工、分装农药，或者委托加工、分装假农药、劣质农药的，对委托人和受托人均依照本条第一款、第三款的规定处罚。

第五十三条　农药生产企业有下列行为之一的，由县级以上地方人民政府农业主管部门责令改正，没收违法所得、违法生产的产品和用于违法生产的原材料等，违法生产的产品货值金额不足1万元的，并处1万元以上2万元以下罚款，货值金额1万元以上的，并处货值金额2倍以上5倍以下罚款；拒不改正或者情节严重的，由发证机关吊销农药生产许可证和相应的农药登记证：

（一）采购、使用未依法附具产品质量检验合格证、未依法取得有关许可证明文件的原材料；

（二）出厂销售未经质量检验合格并附具产品质量检验合格证的农药；

（三）生产的农药包装、标签、说明书不符合规定；

（四）不召回依法应当召回的农药。

第五十四条　农药生产企业不执行原材料进货、农药出厂销售记录制度，或者不履行农药废弃物回收义务的，由县级以上地方人民政府农业主管部门责令改正，处 1 万元以上 5 万元以下罚款；拒不改正或者情节严重的，由发证机关吊销农药生产许可证和相应的农药登记证。

第五十五条　农药经营者有下列行为之一的，由县级以上地方人民政府农业主管部门责令停止经营，没收违法所得、违法经营的农药和用于违法经营的工具、设备等，违法经营的农药货值金额不足 1 万元的，并处 5000 元以上 5 万元以下罚款，货值金额 1 万元以上的，并处货值金额 5 倍以上 10 倍以下罚款；构成犯罪的，依法追究刑事责任：

（一）违反本条例规定，未取得农药经营许可证经营农药；

（二）经营假农药；

（三）在农药中添加物质。

有前款第二项、第三项规定的行为，情节严重的，还应当由发证机关吊销农药经营许可证。

取得农药经营许可证的农药经营者不再符合规定条件继续经营农药的，由县级以上地方人民政府农业主管部门责令限期整改；逾期拒不整改或者整改后仍不符合规定条件的，由发证机关吊销农药经营许可证。

第五十六条　农药经营者经营劣质农药的，由县级以上地方人民政府农业主管部门责令停止经营，没收违法所得、违法经营的农药和用于违法经营的工具、设备等，违法经营的农药货值金额不足 1 万元的，并处 2000 元以上 2 万元以下罚款，货值金额 1 万元以上的，并处货值金额 2 倍以上 5 倍以下罚款；情节严重的，由发证机关吊销农药经营许可证；构成犯罪的，依法追究刑事责任。

第五十七条　农药经营者有下列行为之一的，由县级以上地方人民政府农业主管部门责令改正，没收违法所得和违法经营的农药，并处 5000 元以上 5 万元以下罚款；拒不改正或者情节严重的，由发证机关吊销农药经营许可证：

（一）设立分支机构未依法变更农药经营许可证，或者未向分支机构所在地县级以上地方人民政府农业主管部门备案；

（二）向未取得农药生产许可证的农药生产企业或者未取得农药经营许可证的其他农药经营者采购农药；

（三）采购、销售未附具产品质量检验合格证或者包装、标签不符合规定的农药；

（四）不停止销售依法应当召回的农药。

第五十八条　农药经营者有下列行为之一的，由县级以上地方人民政府农业主管部门责令改正；拒不改正或者情节严重的，处 2000 元以上 2 万元以下罚款，并由发证机关吊销农药经营许可证：

（一）不执行农药采购台账、销售台账制度；

（二）在卫生用农药以外的农药经营场所内经营食品、食用农产品、饲料等；

（三）未将卫生用农药与其他商品分柜销售；

（四）不履行农药废弃物回收义务。

第五十九条　境外企业直接在中国销售农药的，由县级以上地方人民政府农业主管部门责令停止销售，没收违法所得、违法经营的农药和用于违法经营的工具、设备等，违法经营的农药货值金额不足 5 万元的，并处 5 万元以上 50 万元以下罚款，货值金额 5 万元以上的，并处货值金额 10 倍以上 20 倍以下罚款，由发证机关吊销农药登记证。

取得农药登记证的境外企业向中国出口劣质农药情节严重或者出口假农药的，由国务院农业主管部门吊销相应的农药登记证。

第六十条　农药使用者有下列行为之一的，由县级人民政府农业主管部门责令改正，农药使用者为农产品生产企业、食品和食用农产品仓储企业、专业化病虫害防治服务组织和从事农产品生产的农民专业合作社等单位的，处 5 万元以上 10 万元以下罚款，农药使用者为个人的，处 1 万元以下罚款；构成犯罪的，依法追究刑事责任：

（一）不按照农药的标签标注的使用范围、使用方法和剂量、使用技术要求和注意事项、安全间隔期使用农药；

（二）使用禁用的农药；

（三）将剧毒、高毒农药用于防治卫生害虫，用于蔬菜、瓜果、茶叶、菌类、中草药材生产或者用于水生植物的病虫害防治；

（四）在饮用水水源保护区内使用农药；

（五）使用农药毒鱼、虾、鸟、兽等；

（六）在饮用水水源保护区、河道内丢弃农药、农药包装物或者清洗施药器械。

有前款第二项规定的行为的，县级人民政府农业主管部门还应当没收禁用的农药。

第六十一条　农产品生产企业、食品和食用农产品仓储企业、专业化病虫害防治服务组织和从事农产品生产的农民专业合作社等不执行农药使用记录制度的，由县级人民政府农业主管部门责令改正；拒不改正或者情节严重的，处 2000 元以上 2 万元以下罚款。

第六十二条　伪造、变造、转让、出租、出借农药登记证、农药生产许可证、农药经营许可证等许可证明文件的，由发证机关收缴或者予以吊销，没收违法所得，并处1万元以上5万元以下罚款；构成犯罪的，依法追究刑事责任。

第六十三条　未取得农药生产许可证生产农药，未取得农药经营许可证经营农药，或者被吊销农药登记证、农药生产许可证、农药经营许可证的，其直接负责的主管人员10年内不得从事农药生产、经营活动。

农药生产企业、农药经营者招用前款规定的人员从事农药生产、经营活动的，由发证机关吊销农药生产许可证、农药经营许可证。

被吊销农药登记证的，国务院农业主管部门5年内不再受理其农药登记申请。

第六十四条　生产、经营的农药造成农药使用者人身、财产损害的，农药使用者可以向农药生产企业要求赔偿，也可以向农药经营者要求赔偿。属于农药生产企业责任的，农药经营者赔偿后有权向农药生产企业追偿；属于农药经营者责任的，农药生产企业赔偿后有权向农药经营者追偿。

第八章　附　则

第六十五条　申请农药登记的，申请人应当按照自愿有偿的原则，与登记试验单位协商确定登记试验费用。

第六十六条　本条例自2017年6月1日起施行。

附录三　农药标签和说明书管理办法

《农药标签和说明书管理办法》已经农业部2017年第6次常务会议审议通过，现予公布，自2017年8月1日起施行。

第一章 总　则

第一条　为了规范农药标签和说明书的管理，保证农药使用的安全，根据《农药管理条例》，制定本办法。

第二条　在中国境内经营、使用的农药产品应当在包装物表面印制或者贴有标签。产品包装尺寸过小、标签无法标注本办法规定内容的，应当附具相应的说明书。

第三条　本办法所称标签和说明书，是指农药包装物上或者附于农药包装物的，以文字、图形、符号说明农药内容的一切说明物。

第四条　农药登记申请人应当在申请农药登记时提交农药标签样张及电子文档。附具说明书的农药，应当同时提交说明书样张及电子文档。

第五条　农药标签和说明书由农业部核准。农业部在批准农药登记时公布经核准的农药标签和说明书的内容、核准日期。

第六条　标签和说明书的内容应当真实、规范、准确，其文字、符号、图形应当易于辨认和阅读，不得擅自以粘贴、剪切、涂改等方式进行修改或者补充。

第七条　标签和说明书应当使用国家公布的规范化汉字，可以同时使用汉语拼音或者其他文字。其他文字表述的含义应当与汉字一致。

第二章　标注内容

第八条　农药标签应当标注下列内容：

（一）农药名称、剂型、有效成分及其含量；

（二）农药登记证号、产品质量标准号以及农药生产许可证号；

（三）农药类别及其颜色标志带、产品性能、毒性及其标识；

（四）使用范围、使用方法、剂量、使用技术要求和注意事项；

（五）中毒急救措施；

（六）储存和运输方法；

（七）生产日期、产品批号、质量保证期、净含量；

（八）农药登记证持有人名称及其联系方式；

（九）可追溯电子信息码；

（十）像形图；

（十一）农业部要求标注的其他内容。

第九条　除第八条规定内容外，下列农药标签标注内容还应当符合相应要求：

（一）原药（母药）产品应当注明“本品是农药制剂加工的原材料，不得用于农作物或者其他场所。”且不标注使用技术和使用方法。但是，经登记批准允许直接使用的除外；

（二）限制使用农药应当标注“限制使用”字样，并注明对使用的特别限制和特殊要求；

（三）用于食用农产品的农药应当标注安全间隔期，但属于第十八条第三款所列情形的除外；

（四）杀鼠剂产品应当标注规定的杀鼠剂图形；

（五）直接使用的卫生用农药可以不标注特征颜色标志带；

（六）委托加工或者分装农药的标签还应当注明受托人的农药生产许可证号、受托人名称及其联系方式和加工、分装日期；

（七）向中国出口的农药可以不标注农药生产许可证号，应当标注其境外生产地，以及在中国设立的办事机构或者代理机构的名称及联系方式。

第十条　农药标签过小，无法标注规定全部内容的，应当至少标注农药名称、有效成分含量、剂型、农药登记证号、净含量、生产日期、质量保证期等内容，同时附具说明书。说明书应当标注规定的全部内容。

登记的使用范围较多，在标签中无法全部标注的，可以根据需要，在标签中标注部分使用范围，但应当附具说明书并标注全部使用范围。

第十一条　农药名称应当与农药登记证的农药名称一致。

第十二条　联系方式包括农药登记证持有人、企业或者机构的住所和生产地的地址、邮政编码、联系电话、传真等。

第十三条　生产日期应当按照年、月、日的顺序标注，年份用四位数字表示，月、日分别用两位数表示。产品批号包含生产日期的，可以与生产日期合并表示。

第十四条　质量保证期应当规定在正常条件下的质量保证期限，质量保证期也可以用有效日期或者失效日期表示。

第十五条　净含量应当使用国家法定计量单位表示。特殊农药产品，可根据其特性以适当方式表示。

第十六条　产品性能主要包括产品的基本性质、主要功能、作用特点等。对农药产品性能的描述应当与农药登记批准的使用范围、使用方法相符。

第十七条　使用范围主要包括适用作物或者场所、防治对象。使用方法是指施用方式。

使用剂量以每亩使用该产品的制剂量或者稀释倍数表示。种子处理剂的使用剂量采用每100公斤种子使用该产品的制剂量表示。特殊用途的农药，使用剂量的表述应当与农药登记批准的内容一致。

第十八条　使用技术要求主要包括施用条件、施药时期、次数、最多使用次数，对当茬作物、后茬作物的影响及预防措施，以及后茬仅能种植的作物或者后茬不能种植的作物、间隔时间等。

限制使用农药，应当在标签上注明施药后设立警示标志，并明确人畜允许进入的间隔时间。

安全间隔期及农作物每个生产周期的最多使用次数的标注应当符合农业生产、农药使用实际。下列农药标签可以不标注安全间隔期：

（一）用于非食用作物的农药；

（二）拌种、包衣、浸种等用于种子处理的农药；

（三）用于非耕地（牧场除外）的农药；

（四）用于苗前土壤处理剂的农药；

（五）仅在农作物苗期使用一次的农药；

（六）非全面撒施使用的杀鼠剂；

（七）卫生用农药；

（八）其他特殊情形。

第十九条　毒性分为剧毒、高毒、中等毒、低毒、微毒五个级别，分别用“”标识和“剧毒”字样、“”标识和“高毒”字样、“”标识和“中等毒”字样、“

”标识、“微毒”字样标注。标识应当为黑色，描述文字应当为红色。

由剧毒、高毒农药原药加工的制剂产品，其毒性级别与原药的最高毒性级别不一致时，应当同时以括号标明其所使用的原药的最高毒性级别。

第二十条　注意事项应当标注以下内容：

（一）对农作物容易产生药害，或者对病虫容易产生抗性的，应当标明主要原因和预防方法；

（二）对人畜、周边作物或者植物、有益生物（如蜜蜂、鸟、蚕、蚯蚓、天敌及鱼、水蚤等水生生物）和环境容易产生不利影响的，应当明确说明，并标注使用时的预防措施、施用器械的清洗要求；

（三）已知与其他农药等物质不能混合使用的，应当标明；

（四）开启包装物时容易出现药剂撒漏或者人身伤害的，应当标明正确的开启方法；

（五）施用时应当采取的安全防护措施；

（六）国家规定禁止的使用范围或者使用方法等。

第二十一条　中毒急救措施应当包括中毒症状及误食、吸入、眼睛溅入、皮肤沾附农药后的急救和治疗措施等内容。

有专用解毒剂的，应当标明，并标注医疗建议。

剧毒、高毒农药应当标明中毒急救咨询电话。

第二十二条　储存和运输方法应当包括储存时的光照、温度、湿度、通风等环境条件要求及装卸、运输时的注意事项，并标明“置于儿童接触不到的地方”、“不能与食品、饮料、粮食、饲料等混合储存”等警示内容。

第二十三条　农药类别应当采用相应的文字和特征颜色标志带表示。

不同类别的农药采用在标签底部加一条与底边平行的、不褪色的特征颜色标志带表示。

除草剂用“除草剂”字样和绿色带表示；杀虫（螨、软体动物）剂用“杀虫剂”或者“杀螨剂”、“杀软体动物剂”字样和红色带表示；杀菌（线虫）剂用“杀菌剂”或者“杀线虫剂”字样和黑色带表示；植物生长调节剂用“植物生长调节剂”字样和深黄色带表示；杀鼠剂用“杀鼠剂”字样和蓝色带表示；杀虫/杀菌剂用“杀虫/杀菌剂”字样、红色和黑色带表示。农药类别的描述文字应当镶嵌在标志带上，颜色与其形成明显反差。其他农药可以不标注特征颜色标志带。

第二十四条　可追溯电子信息码应当以二维码等形式标注，能够扫描识别农药名称、农药登记证持有人名称等信息。信息码不得含有违反本办法规定的文字、符号、图形。

可追溯电子信息码格式及生成要求由农业部另行制定。

第二十五条　像形图包括储存像形图、操作像形图、忠告像形图、警告像形图。像形图应当根据产品安全使用措施的需要选择，并按照产品实际使用的操作要求和顺序排列，但不得代替标签中必要的文字说明。

第二十六条　标签和说明书不得标注任何带有宣传、广告色彩的文字、符号、图形，不得标注企业获奖和荣誉称号。法律、法规或者规章另有规定的，从其规定。

第三章　制作、使用和管理

第二十七条　每个农药最小包装应当印制或者贴有独立标签，不得与其他农药共用标签或者使用同一标签。

第二十八条　标签上汉字的字体高度不得小于1.8毫米。

第二十九条　农药名称应当显著、突出，字体、字号、颜色应当一致，并符合以下要求：

（一）对于横版标签，应当在标签上部三分之一范围内中间位置显著标出；对于竖版标签，应当在标签右部三分之一范围内中间位置显著标出；

（二）不得使用草书、篆书等不易识别的字体，不得使用斜体、中空、阴影等形式对字体进行修饰；

（三）字体颜色应当与背景颜色形成强烈反差；

（四）除因包装尺寸的限制无法同行书写外，不得分行书写。

除“限制使用”字样外，标签其他文字内容的字号不得超过农药名称的字号。

第三十条　有效成分及其含量和剂型应当醒目标注在农药名称的正下方（横版标签）或者正左方（竖版标签）相邻位置（直接使用的卫生用农药可以不再标注剂型名称），字体高度不得小于农药名称的二分之一。

混配制剂应当标注总有效成分含量以及各有效成分的中文通用名称和含量。各有效成分的中文通用名称及含量应当醒目标注在农药名称的正下方（横版标签）或者正左方（竖版标签），字体、字号、颜色应当一致，字体高度不得小于农药名称的二分之一。

第三十一条　农药标签和说明书不得使用未经注册的商标。

标签使用注册商标的，应当标注在标签的四角，所占面积不得超过标签面积的九分之一，其文字部分的字号不得大于农药名称的字号。

第三十二条　毒性及其标识应当标注在有效成分含量和剂型的正下方（横版标签）或者正左方（竖版标签），并与背景颜色形成强烈反差。

像形图应当用黑白两种颜色印刷，一般位于标签底部，其尺寸应当与标签的尺寸相协调。

安全间隔期及施药次数应当醒目标注，字号大于使用技术要求其他文字的字号。

第三十三条 “限制使用”字样，应当以红色标注在农药标签正面右上角或者左上角，并与背景颜色形成强烈反差，其字号不得小于农药名称的字号。

第三十四条 标签中不得含有虚假、误导使用者的内容，有下列情形之一的，属于虚假、误导使用者的内容：

（一）误导使用者扩大使用范围、加大用药剂量或者改变使用方法的；

（二）卫生用农药标注适用于儿童、孕妇、过敏者等特殊人群的文字、符号、图形等；

（三）夸大产品性能及效果、虚假宣传、贬低其他产品或者与其他产品相比较，容易给使用者造成误解或者混淆的；

（四）利用任何单位或者个人的名义、形象作证明或者推荐的；

（五）含有保证高产、增产、铲除、根除等断言或者保证，含有速效等绝对化语言和表示的；

（六）含有保险公司保险、无效退款等承诺性语言的；

（七）其他虚假、误导使用者的内容。

第三十五条 标签和说明书上不得出现未经登记批准的使用范围或者使用方法的文字、图形、符号。

第三十六条 除本办法规定应当标注的农药登记证持有人、企业或者机构名称及其联系方式之外，标签不得标注其他任何企业或者机构的名称及其联系方式。

第三十七条 产品毒性、注意事项、技术要求等与农药产品安全性、有效性有关的标注内容经核准后不得擅自改变，许可证书编号、生产日期、企业联系方式等产品证明性、企业相关性信息由企业自主标注，并对真实性负责。

第三十八条 农药登记证持有人变更标签或者说明书有关产品安全性和有效性内容的，应当向农业部申请重新核准。

农业部应当在三个月内作出核准决定。

第三十九条 农业部根据监测与评价结果等信息，可以要求农药登记证持有人修改标签和说明书，并重新核准。

农药登记证载明事项发生变化的，农业部在作出准予农药登记变更决定的同时，对其农药标签予以重新核准。

第四十条 标签和说明书重新核准三个月后，不得继续使用原标签和说明书。

第四十一条 违反本办法的，依照《农药管理条例》有关规定处罚。

第四章　附　则

第四十二条　本办法自2017年8月1日起施行。2007年12月8日农业部公布的《农药标签和说明书管理办法》同时废止。

现有产品标签或者说明书与本办法不符的，应当自2018年1月1日起使用符合本办法规定的标签和说明书。

附录四　农药包装废弃物回收处理管理办法

《农药包装废弃物回收处理管理办法》已于2020年7月31日经农业农村部第11次常务会议审议通过，并经生态环境部同意，现予公布，自2020年10月1日起施行。

第一章　总　则

第一条　为了防治农药包装废弃物污染，保障公众健康，保护生态环境，根据《中华人民共和国土壤污染防治法》《中华人民共和国固体废物污染环境防治法》《农药管理条例》等法律、行政法规，制定本办法。

第二条　本办法适用于农业生产过程中农药包装废弃物的回收处理活动及其监督管理。

第三条　本办法所称农药包装废弃物，是指农药使用后被废弃的与农药直接接触或含有农药残余物的包装物，包括瓶、罐、桶、袋等。

第四条　地方各级人民政府依照《中华人民共和国土壤污染防治法》的规定，组织、协调、督促相关部门依法履行农药包装废弃物回收处理监督管理职责，建立健全回收处理体系，统筹推进农药包装废弃物回收处理等设施建设。

第五条　县级以上地方人民政府农业农村主管部门负责本行政区域内农药生产者、经营者、使用者履行农药包装废弃物回收处理义务的监督管理。

县级以上地方人民政府生态环境主管部门负责本行政区域内农药包装废弃物回收处理活动环境污染防治的监督管理。

第六条　农药生产者（含向中国出口农药的企业）、经营者和使用者应当积极履行农药包装废弃物回收处理义务，及时回收农药包装废弃物并进行处理。

第七条　国家鼓励和支持行业协会在农药包装废弃物回收处理中发挥组织协调、技术指导、提供服务等作用，鼓励和扶持专业化服务机构开展农药包装废弃物回收处理。

第八条　县级以上地方人民政府农业农村和生态环境主管部门应当采取多

种形式，开展农药包装废弃物回收处理的宣传和教育，指导农药生产者、经营者和专业化服务机构开展农药包装废弃物的回收处理。

鼓励农药生产者、经营者和社会组织开展农药包装废弃物回收处理的宣传和培训。

第二章　农药包装废弃物回收

第九条　县级以上地方人民政府农业农村主管部门应当调查监测本行政区域内农药包装废弃物产生情况，指导建立农药包装废弃物回收体系，合理布设县、乡、村农药包装废弃物回收站（点），明确管理责任。

第十条　农药生产者、经营者应当按照“谁生产、经营，谁回收”的原则，履行相应的农药包装废弃物回收义务。农药生产者、经营者可以协商确定农药包装废弃物回收义务的具体履行方式。

农药经营者应当在其经营场所设立农药包装废弃物回收装置，不得拒收其销售农药的包装废弃物。

农药生产者、经营者应当采取有效措施，引导农药使用者及时交回农药包装废弃物。

第十一条　农药使用者应当及时收集农药包装废弃物并交回农药经营者或农药包装废弃物回收站（点），不得随意丢弃。

农药使用者在施用过程中，配药时应当通过清洗等方式充分利用包装物中的农药，减少残留农药。

鼓励有条件的地方，探索建立检查员等农药包装废弃物清洗审验机制。

第十二条　农药经营者和农药包装废弃物回收站（点）应当建立农药包装废弃物回收台账，记录农药包装废弃物的数量和去向信息。回收台账应当保存两年以上。

第十三条　农药生产者应当改进农药包装，便于清洗和回收。

国家鼓励农药生产者使用易资源化利用和易处置包装物、水溶性高分子包装物或者在环境中可降解的包装物，逐步淘汰铝箔包装物。鼓励使用便于回收的大容量包装物。

第三章　农药包装废弃物处理

第十四条　农药经营者和农药包装废弃物回收站（点）应当加强相关设施设备、场所的管理和维护，对收集的农药包装废弃物进行妥善贮存，不得擅自倾倒、堆放、遗撒农药包装废弃物。

第十五条　运输农药包装废弃物应当采取防止污染环境的措施，不得丢弃、遗撒农药包装废弃物，运输工具应当满足防雨、防渗漏、防遗撒要求。

第十六条　国家鼓励和支持对农药包装废弃物进行资源化利用；资源化利用以外的，应当依法依规进行填埋、焚烧等无害化处置。

资源化利用按照“风险可控、定点定向、全程追溯”的原则，由省级人民政府农业农村主管部门会同生态环境主管部门结合本地实际需要确定资源化利用单位，并向社会公布。资源化利用不得用于制造餐饮用具、儿童玩具等产品，防止危害人体健康。资源化利用单位不得倒卖农药包装废弃物。

县级以上地方人民政府农业农村主管部门、生态环境主管部门指导资源化利用单位利用处置回收的农药包装废弃物。

第十七条　农药包装废弃物处理费用由相应的农药生产者和经营者承担；农药生产者、经营者不明确的，处理费用由所在地的县级人民政府财政列支。

鼓励地方有关部门加大资金投入，给予补贴、优惠措施等，支持农药包装废弃物回收、贮存、运输、处置和资源化利用活动。

第四章　法律责任

第十八条　县级以上人民政府农业农村主管部门或生态环境主管部门未按规定履行职责的，对直接负责的主管人员和其他直接责任人依法给予处分；构成犯罪的，依法追究刑事责任。

第十九条　农药生产者、经营者、使用者未按规定履行农药包装废弃物回收处理义务的，由地方人民政府农业农村主管部门按照《中华人民共和国土壤污染防治法》第八十八条规定予以处罚。

第二十条　农药包装废弃物回收处理过程中，造成环境污染的，由地方人民政府生态环境主管部门按照《中华人民共和国固体废物污染环境防治法》等法律的有关规定予以处罚。

第二十一条　农药经营者和农药包装废弃物回收站（点）未按规定建立农药包装废弃物回收台账的，由地方人民政府农业农村主管部门责令改正；拒不改正或者情节严重的，可处二千元以上二万元以下罚款。

第五章　附　则

第二十二条　本办法所称的专业化服务机构，指从事农药包装废弃物回收处理等经营活动的机构。

第二十三条　本办法自2020年10月1日起施行。

参考文献

[1] 郎连春,等．农药科学使用技术．哈尔滨：哈尔滨工业大学出版社，2010.

[2] 段留生，田晓莉．作物化学控制原理与技术．北京：中国农业大学出版社，2005.

[3] 虞轶俊，施德．农药应用大全．北京：中国农业出版社，2008.

[4] 叶钟音．现代农药应用技术全书．北京：中国农业出版社，2008.

[5] 屠豫钦．农药科学使用指南．北京:金盾出版社，2004.

[6] 屠豫钦．农药剂型与制剂及使用方法．北京：金盾出版社，2007.

[7] 吴文君，高希武．生物农药．北京：化学工业出版社，2004.

[8] 刘长令,等．世界农药大全（杀菌剂卷）．北京：化学工业出版社，2006.

[9] 彭志源．中国农药大典. 北京：中国科技文化出版社,2003.

[10] 徐汉虹．植物化学保护学. 北京：中国农业出版社,2007.

[11] 徐映明，朱文达．农药问答．北京：化学工业出版社，2005.